日本農業市場学会研究叢書——⑱

自給飼料生産・流通革新と日本酪農の再生

荒木和秋・杉村泰彦【編著】

筑波書房

まえがき

本著は，酪農，畜産の中間生産物である自給飼料の生産，流通の実態について，細断型ロールベーラという革新技術の導入を通して，多くの地域と多面的な観点から日本の酪農，畜産の展開のメカニズムを解明した本格的な研究の集積である。

今日，酪農，畜産で忘れられていることは，酪農，畜産も農業の一分野であることである。その国，その地域で生産された飼料を使って生乳や畜産物の生産が行われ，糞尿が農地に還元されることで地力維持が行われ，環境問題も回避されている。アメリカでも自国の飼料穀物や乾草を使った酪農，畜産が行われ，ヨーロッパでも多くの国でそれぞれの地域の飼料穀物や牧草が使われている。ニュージーランドでも牧草が中心的役割を果たしている。それに対して日本は海外の飼料穀物や乾草に大きく依存する特異な加工型畜産が行われてきた。このことが諸外国の畜産に比べて様々な問題を引き起こしてきた。まずは，酪農経営，畜産経営の外部経済依存度の高まりによる不安定性である。さらに，資源循環の欠落による環境問題である。

前者は，日本の畜産業界の要請に応えるため家畜の生産性を高める飼養管理技術と家畜改良が畜産研究の中心的課題であった。その有効な手段が飼料穀物の多給であった。確かにアメリカからの輸入穀物が安価であった時代には関税障壁と比較的高い乳価と畜産物価格のもとで酪農経営，畜産経営に利益をもたらした。酪農で言えば，乳価－配合飼料価格＝利益によって“差益酪農”が成立したからである。しかし，国内の配合飼料価格は，2007，08年の世界食糧同時危機以降高騰し，その後シカゴ相場が下落しても高止まりの状態が続いてきた。その結果，酪農経営，畜産経営は苦境に立たされてきた（最近の乳価，畜産物価格の上昇，飼料価格の下落によって農家経済は好転している）。

後者は，大量の輸入穀物の利用は，そこから排出される大量のふん尿は，堆厩肥としての役割の限度を超え，河川等への流出が危惧される箇所もあり，そのことが地下水や河川などの環境汚染が懸念されている。環境問題は国内だけに止まらない。大量の穀物輸送によるCO_2の排出，穀物輸入相手国での水資源の枯渇や土壌劣化など地球規模での問題を深刻化させている。さらに，日本の大量の穀物輸入は経済力の乏しいアフリカなどの国々の食用とうもろこしの確保を困難にし，飢餓を深刻化させている。

こうした日本の飼料需給の厳しい条件の中で，飼料自給率向上のための革新的な動きが出ている。細断型ロールベーラの開発によって，自給飼料の新たな調製，自給飼料の製品としての流通，食品残さ物の新たな活用と流通など，その役割は多岐に亘っている。

本著では，細断型ロールベーラを切り口として，全国各地の自給飼料生産と流通を通した利用について実態調査を行い，日本の酪農，畜産の最新の情勢を把握したものである。

縦軸に飼料生産，飼料生産組織，飼料流通，土地利用，地域構造，エコフィードの利用と流通，横軸に北海道，東北，関東，東海，九州とし，両者の組み合わせた構成になっている。そのことで，各章の内容は地域性に依拠した自給飼料の生産活動を通して，日本の酪農，畜産の生産構造を把握した内容になっている。

まず，第１章では，わが国の飼料自給率の状況と自給率向上への取り組み，細断型ロールベーラの活用と意義について飼料構造の全体像を示した。

第２章では，北海道における自給飼料生産組織であるコントラクターと農場TMRセンターの経営展開とそこでの細断型ロールベーラの役割を明らかにした。第３章ではこれまで把握されてこなかった北海道における自給飼料の流通実態と商品化の構造を明らかにした。第４章では高額の機械である細断型ロールベーラの導入についてリースと購入の比較検討をおこなった。第５章では北海道の道央地域畑作地帯における飼料用とうもろこしの導入の土地利用上の意義について明らかにした。第６章では，東北地方の最大の酪農地帯である葛巻町を対象に，細断型ロールベーラが飼料生産構造を大きく変えている実態を多くの個別調査を通して明らかにした。第7章では稲発酵粗飼料作における細断型ロールベーラの普及メカニズムについて全国的な視野から明らかにした。第8章では稲発酵飼料調製を行うコントラターの細断型ロールベーラ導入による事業展開と課題の打開策について考察した。第9章では北海道および九州における機械利用共同組合，コントラクターおよび個別経営における細断型ロールベーラの導入の契機と課題について明らかにした。第10章では関東にあるTMRセンターおよび大手食品メーカーを対象に，細断ロールの活用によるエコフィードの調製および供給の実態を明らかにした。第11章では，今後予想される畜産経営の大規模化に伴う課題と輸入穀物市場の価格および需給動向を考察し，日本の酪農，畜産の存在意義は自給飼料活用にあることを再確認した。

以上にみるように本著では，広範囲の地域における自給飼料生産，エコフィード活用を様々な観点から調査，分析，考察した。それだけに複雑多岐に亘るが，それを細断型ロールベーラという革新技術という観点から統一的把握することを試みたものである。読者の皆様が様々な経営主体によって生産，調製されている自給飼料，エコフィードに支えられて日本の酪農，畜産が成り立っていることを理解していただければ幸いである。

本調査研究にあたっては，（株）タカキタ，（株）スター農機，（株）コーンズ・エージーをはじめ，多くの農場TMRセンター，コントラクター，酪農家の皆様方の調査の御協力によって完成したものである。厚く感謝を申し上げる次第です。

なお，本調査研究は，2012～2014年度科学研究費助成事業（学術研究助成基金助成金）基盤研究（C）（JSPS科研費JP24580328）（研究代表：荒木和秋）の助成を受けたものです。

執筆者を代表して　荒木和秋

目　次

第1章

わが国の飼料需給構造と細断型圧縮技術による生産・流通の革新

第1節　課題

日本の畜産は，飼料基盤を海外に大きく依存していたものの，長期に亘る安定した需給環境にあった。しかし，2007年以降の世界同時食料危機以降，畜産経営に大きな打撃を与えている。特に配合飼料依存度の高い大規模層ほど影響が大きい[1)]。こうした状況下において，酪農では北海道を中心に自給飼料の調製，流通における革新が進みつつある。

北海道における自給飼料の調製技術は，大規模酪農における牧草収穫は自走式ハーベスタによって細切サイレージのバンカーサイロ貯蔵が行われる一方，中小規模酪農においてはロールベーラ（成形機）およびラッピングマシーン（被覆機）によるロールベールサイレージ貯蔵が行われている[2)]。

近年，これらの収穫・調製体系に加え，細断型ロールベーラの出現によって自給飼料の調製体系に大きな変化が生じている。この機械の登場によって，ロールベールサイレージの調製品質が向上するばかりでなく，圧縮被覆の強度向上から広域流通，長期保存が可能となった。また，これまで自給飼料の成形・被覆は牧草に限られていたが，青刈りとうもろこしサイレージ（コーンサイレージ）や他の農場副産物，食品残渣物の成形・被覆も可能になった。都市近郊酪農では，食品残渣の利用が飛躍的に進んでいる。

酪農地帯においても大規模酪農家，コントラクター，TMRセンターが導入し，また農協が細断型ロールベーラを導入し，農家グループに貸与して自給飼料委託生産を行っている。さらに建設業者による耕作放棄地での青刈りとうもろこし栽培，コーンサイレージの販売に乗り出すなどの新たな組織対応が見られる。

青刈りとうもろこしの委託生産は十勝，網走地域の畑作農家において行われており，畑作農家の新たな作目として経営組織や土地利用の変化をもたらしている。

また，東北地域の酪農地帯においてはこれまで手作業を主体とした自給飼料給与が細断型ロールベーラの調製によって省力化が進んでいる。

これら細断型ロールベーラを使った自給飼料の生産，流通の展開，さらに都市近郊での食品残渣の活用は，日本における飼料構造を大きく変えようとしている。本著作では，細断型ロールベーラによる飼料生産調製，食品残渣調製および流通を把握し，技術的，経済的評価を行うとともに，日本畜産の飼料基盤における革新的意義を明らかにした。

第2節　畜産経営における飼料費の位置

日本の畜産は海外の飼料に大きく依存している。比較的飼料基盤に恵まれている北海道においても購入飼料への依存度が高くなっている。**表1-1**は北海道における主要な畜産物の生産費からみた流通飼料費の比率をみたものである。まず，飼料費に占める流通飼料費（輸入粗飼料を含む）の割合は，酪農（牛乳生産費）においても70%（都府県92%）を占めており，肉用牛では，去勢若齢肥育92%，乳用雄牛96%，子牛（繁殖）62%である。肥育豚にいた

表 1-1　畜産物生産費における費用合計に占める流通飼料の比率

（円・千円）

	牛乳生産費（100kg 当たり）		肥育牛（1頭当たり）		子牛	肥育豚
	都府県	北海道	去勢若齢	乳用雄牛	（繁殖）	
費用合計　①	9,568	8,135	1,014	420	491	40
飼料費　②	4,861	374	365	222	198	26
うち流通飼料費　③	4,483	260	334	214	122	26
うち自給飼料費　④	378	114	31	8	76	0
流通/飼料費　③/②	92%	70%	92%	96%	62%	100%
流通/費用合計③/①	51%	32%	33%	51%	25%	65%

資料：「畜産物生産費統計」（2014 年度），『北海道農林水産統計年報』2017 年 5 月

っては100％である。北海道においても全ての家畜で大きく購入飼料に依存していることがわかる。

そのため，費用合計に占める割合も，酪農で32％（都府県51％），去勢若齢肥育33％，乳用雄牛51％，子牛（繁殖）で25％，肥育豚で65％と，費用合計の中で最大の費目になっており，流通飼料価格の価格変動が畜産経営の経営収支に与える影響は大きくなっている。

第３節　わが国における飼料自給率の状況

日本の畜産経営が，全ての畜種で海外の飼料に依存している姿が，経済的側面から明らかになったが，日本全体の飼料自給率をみたのが**図1-1**である。純国内産飼料自給率（国内供給粗飼料と純国内産濃厚飼料の合計を飼料需要量で除した数値）は，過去30年間25％前後で推移してきたが，最近微増傾向にあり2014年は27％，15年は28％となっている。その要因は，純国内産濃厚飼料自給率が，03年の９％から徐々に上昇し17年には14％になったことによる。これは，飼料用米の作付面積が2010年の14,883haから2015年には79,766haに増加したことと，食品残渣の再利用（エコフィードなど）が進んでいることなどによる。

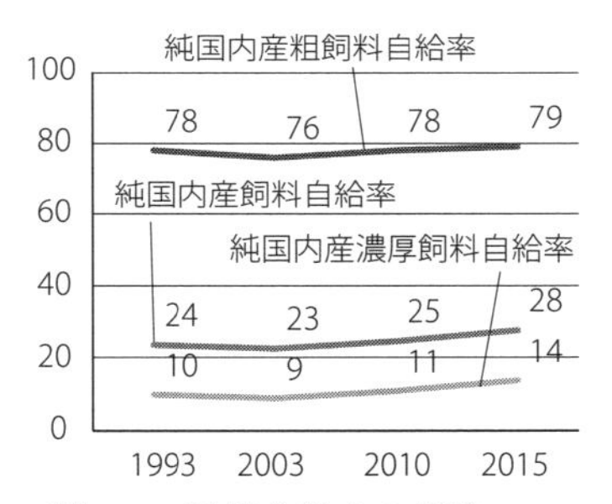

図1-1　飼料自給率の推移

資料：「飼料をめぐる情勢」農林水産省H28.8

また，2012年に76％まで落ち込んだ純国内産粗飼料自給率は2015年には79％に向上するが，これは飼料作付面積が2012年の93.1万ha，2013年の91.5万haから2015年には97.5万haに回復したことが反映している。その理由として，2006年以降の配合飼料価格高騰への畜産農家の対応が反映している（農水省「飼料をめぐる情勢」，2016年９月）。

しかしながら，依然として飼料自給率は低い水準にあり，海外飼料穀物相場の価格変動や為替相場の影響を受けやすいことから畜産経営は大きなリスクを負っている。

第4節　配合飼料価格の動向とその要因

すでに見てきたように，畜産経営は耕種経営と違って資材の購入金額が大きいため，USドル・円の為替レートによって大きな影響を受ける。2014年における北海道における酪農経営の農業経営費を見ると，飼料費が35.7％を占め，肥料費が4.6％を占める。両者を合わせれば40.3％であり，約4割が海外市場と為替レートの影響を直接受けることになる（「2014年営農類型別統計」）。

配合飼料価格の元となるとうもろこし価格（アメリカのシカゴ相場）の推移をみると，1990年以降2006年までは，1ブッシェル（25.4kg）2～3ドルの価格帯で値動きしていた（ただし，1996年8月，中国のトウモロコシ輸出禁止を受けて5ドル近くまで上昇）。それが，2008年6月にはバイオエタノール需要と不作から過去最高の7ドル前後に高騰し，その後3～4ドルに下落するものの，2000年夏以降にはロシアの穀物禁輸措置，投機マネーの流入などにより2001年には7ドルを超え，さらに2012年8月にはアメリカの大干ばつにより8ドル台まで高騰する。しかし，13年7月以降は世界的な豊作により4ドル台に下落し，2015年1月には3ドル台後半の水準となっている（農水省「飼料を巡る情勢」2015年4月，alic『畜産の情報　別冊統計資料』2014年9月）。

そのため，シカゴ相場と為替レートの影響を受けた国内の配合飼料価格は，2007年1月のt当たり5万円が，2008年11月には6万8千円まで上昇し，その後下落するものの2013年7月には再び6万8千円に上昇する。2014年以降はシカゴ相場は下落し3ドル台で2016年まで推移するものの，円安によって相殺される形で，配合飼料価格6万円台で高止まりの状態にある（農水省「同

2016. 9」)。

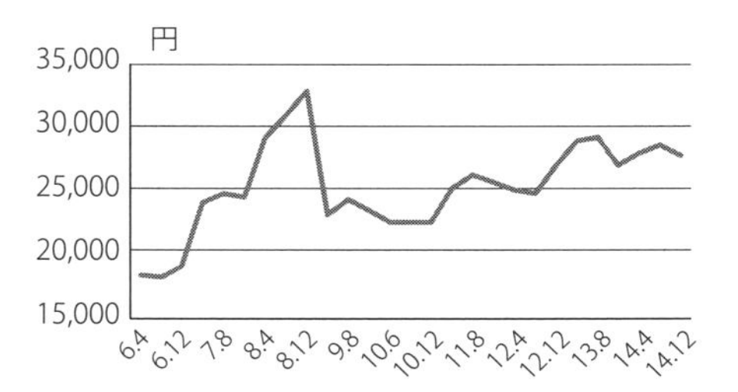

図1-2　道東A町酪農家のM社配合飼料価格の推移

資料：H農協伝票

こうした動きは国内の配合飼料価格に反映している。道東A町の酪農家が10年間にわたって使用してきたM飼料会社の同一商品（500kg）の価格の推移をみたのが**図1-2**である。2008年12月には，それまで２万円以下であったが，飼料原料の高騰を受けて３万３千円まで高騰するものの，2010年には２万３万円を割り込み，その後徐々に上昇するものの，２万８千円（ｔ当たり５万６千円）前後の高値安定で推移している[3)]。

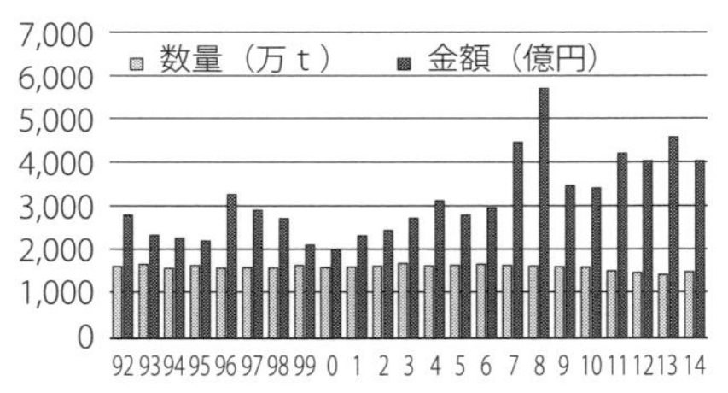

図1-3　とうもろこしの輸入数量，金額の推移

資料：「ポケット農林水産統計」

こうした配合飼料価格の高騰は，国全体のとうもろこし輸入額の推移と軌を一にしている。**図1-3**は過去20年あまりのとうもろこしの輸入数量と輸入金額の推移をみたものである。輸入数量は2010年まで1,600万ｔ台で推移してきたが，その後1,500万ｔ前後となる。特に2013年には1,440ｔと落ち込む。一方，輸入金額は，2006年まで2,000億円～3,000億円で推移してきたものの，世界食料同時危機の07年には4,517億円，08年には5,776億円と急増する。その後，3,500億円前後になるものの，11年以降は4,000億円台で推移している。従って，1990年代の2,000億円台から2010年代には4,000億円台と倍増し，この金額がそっくりアメリカに支払われており，日本の畜産農家からアメリカの畑作農家への“贈与”が行われてきたのである。

第5節　わが国の国内飼料資源活用への取り組み

世界同時食料危機以降，日本の輸入飼料支払金額の増大は，日本の利益を大きく損なった。一つは畜産農家の経済負担であり，他は政府の財政負担（配合飼料価格安定制度における異常補てん基金への予算支出など）である。いずれにせよ，国民（納税者）の負担を伴うことになった。そこで政府は，国内飼料資源の活用と増産に向けた様々な取り組みを行うことになった。第一に飼料増産の推進である。まず水田では，稲発酵粗飼料（稲WCS）および飼料用米の増産であり，畑地では青刈りとうもろこしの生産性向上，草地では集約放牧の推進であった。しかし，飼料用米や稲WCSには課題も多い。水田転作交付金の多さから，消極的な政策であるとの批判もある[4]。

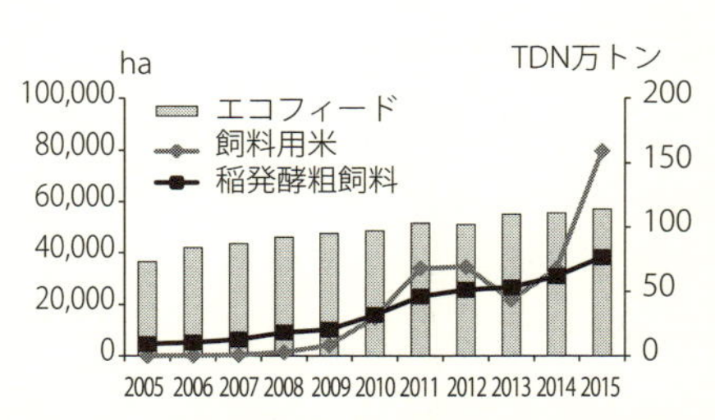

図1-4　稲発酵粗飼料・飼料用米の栽培面積の推移

資料：「飼料をめぐる情勢」「エコフィードをめぐる情勢」農林水産省

第二にエコフィード（食品残さ利用飼料）の利用拡大である。これまで食品製造業で排出された残さ物は，配合飼料の原料として多く使われてきたが，それらは大量に排出される大豆粕やビール粕など良質な副産物が多かった。しかし，今後少量の食品残さ物や取扱いの難しい残さ物の処理方法や流通ルートの開発が求められる。第三にそれらの生産および利用主体である飼料生産組織の推進である。自給飼料生産の受託組織であるコントラクターおよび自給飼料を主体としたTMRを製造する農場TMRセンターが次々に作られてきた。

これらの，稲WCSやエコフィードなど飼料資源の長期保存と広域流通に大きく寄与しているのが細断型ロールベーラである。

第６節　わが国畜産業における飼料の種類と細断型ロールベーラの適用

１）飼料の種類

飼料は大きく三つに分類される。養分含量が高く水分や粗繊維含量の低い濃厚飼料，粗繊維含量が多く可消化養分の少ない粗飼料，家畜が必要とするミネラルやビタミン類など飼料添加物として補助的な役割を果たす特殊飼料である[5)]。

濃厚飼料は，穀類，粕類と呼ばれる穀物副産物（米ぬか，フスマなど），油粕類（大豆粕綿実粕など），他農産加工副産物（澱粉粕，ビートパルプ，ビール粕，アルコール粕，豆腐粕，醤油粕，ジュース粕など），動物質飼料（脱脂粉乳，バターミルク，ホエーなどの代用乳原料，魚粉，骨粉など）である。この中で，動物由来の飼料はBSE事件以降，使用が禁止されている。粗飼料は，生草，青刈飼料作物，乾草，わら類などである。

濃厚飼料の多くは輸入ないしは輸入農産物の加工副産物であることから自給率14％と低く，粗飼料の多くは国産であることから自給率は79％と高くなっている。

以上の飼料を自給および購入（商品）の観点から分類したのが，**図1-5**で

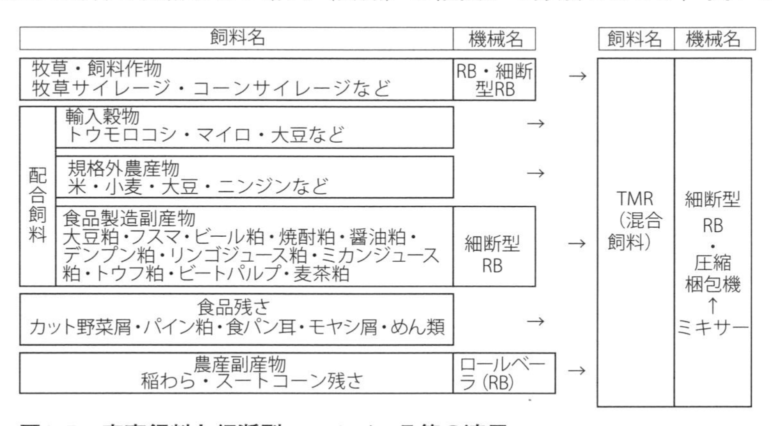

図1-5　家畜飼料と細断型ロールベーラ等の適用

ある。濃厚飼料の多くは，配合飼料の原料として使われている。また，これまでの飼料の分類に加え，食品残さがエコフィードという観点から積極的に利用が図られるようになってきた。

2）細断型ロールベーラ利用による飼料概念の変化

これまでの飼料の分類の観点から，粗飼料＝自給，濃厚飼料＝購入という図式が見られたが，この関係が細断型ロールベーラの登場によって大きく変わろうとしている。

細断型ロールベーラによって調製された粗飼料（牧草サイレージ，とうもろこしサイレージ）が，広域に流通するようになったからである。それまで粗飼料の流通は水分含量が15％前後と少ない乾草が中心であった。しかし，細断型ロールベーラによる圧縮・成型・被覆によって40〜60％の中水分のサイレージも広域流通するようになったからである。

さらに，エコフィードと称される食品製造副産物（粕類），食品卸売・小売業からの排出食品残さの流通も細断型ロールベーラの利用によって流通するようになった[6]。例えば，醤油粕はこれまでも流通していたが，細断型ロールベーラ調製によって長期保存が可能となり流通量が増大した。また，カット野菜くず，パイン粕など都市近郊で発生する食品残さもTMR原料として細断型ロールベーラによって調製されるようになった。

第７節　細断型ロールベーラの普及状況と意義

1）細断型ロールベーラの普及動向

細断型ロールベーラは，1990年代にノルウェーのオーケル社が，オガクズやプラスチックゴミを梱包する機械として開発した。食品残さも梱包できることから，多目的梱包機（商品名：マルチコンパクター）の商品名で国内でも販売されている。

日本における細断型ロールベーラの普及は，2000年に入って農研機構（国

立研究開発法人　農業・食品産業技術総合研究機構）が自給飼料の圧縮・梱包用機械として開発し，2005年から機械メーカー各社によって改良され，販売が開始された。**図1-6**は，T社の販売台数の推移をみたものである。T社では2005年12月から製造，販売を開始し，2005年にはわずか２台であったものが，08年から増加し，毎年10～20台が販売され，2016年末には145台になっている。

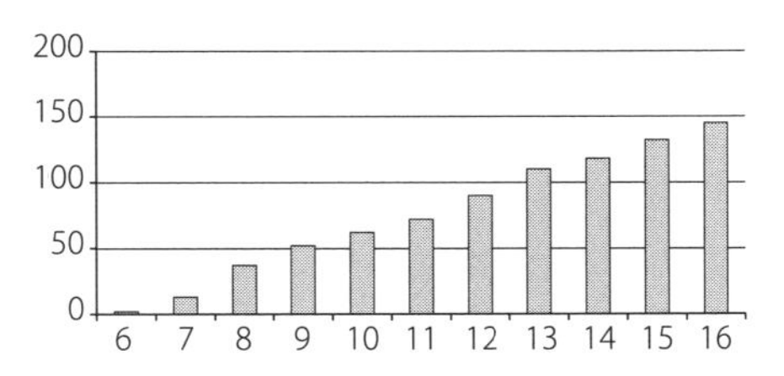

図1-6　T社の細断型ロールベーラの販売台数の推移

資料：T社提供

その他，国内ではS社が製造販売を行っているほか，ノルウェーやドイツの機械も輸入代理店が販売している。

２）細断型ロールベーラの機能

細断型ロールベーラの構造は，細断した材料を圧縮・成形する部分とフィルムで被覆する部分からなる。前者は細断材料を荷受けする箱型のホッパーと，細断材料を高密度にロール（円柱）に成形する成形室，ネットで外周を結束するネット供給装置からなる[7]。

作業の流れは**図1-7**に示したように，ホッパーに細断された飼料用とうもろこしなどの材料がホッパに投入される（ステップ１）。ポッパー底部から細断材料がコンベヤで成形室に供給され，成形室で満量になった時点で結束が行なわれる（ステップ２）。成型室から出たロールベールは，ベー

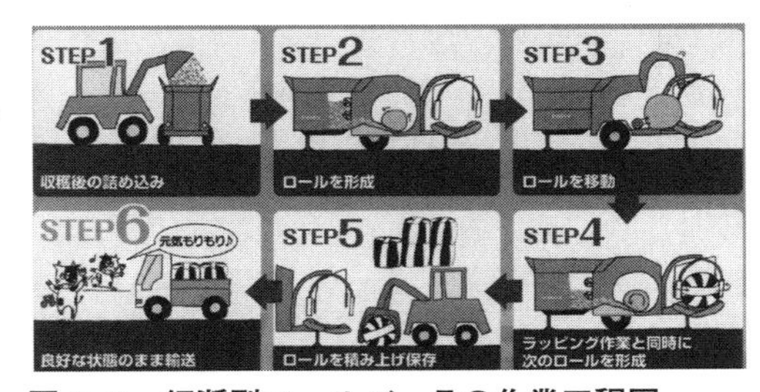

図 1-7　細断型ロールベーラの作業工程図

資料：T 社提供

ルラッパによってラップフィルムで被覆され密封調製が行われる（ステップ３，４）。

以上の作業は極めて効率的であり，飼料用とうもろこしをバンカーサイロに貯蔵する場合に比べて延べ作業時間は58％の水準に省力化されたとの研究報告がある[8)]。

3）細断型ロールベーラの利用方法

細断型ロールベーラの利用は，大きく二つに分けられる。一つは自給飼料の調製，他は食品残渣物の貯蔵である。自給飼料では直接，梱包する方法と一旦サイロに貯蔵したものを取り出して再梱包する方法がある。食品残渣物では，残渣物そのものの梱包と自給飼料他を一緒にTMR（混合飼料）として梱包する方法がある。圧縮・成形・被覆された自給飼料は，長期保存が可能となり，かつ長距離輸送の耐えることができ，流通飼料となる。

4）細断型ロールベーラの利用主体と導入の意義

細断型ロールベーラによる自給飼料（圧縮コーンロール，圧縮グラスロール）の製造は，単に飼料の製造のみならず，次のような意義を有している。

細断型ロールベーラは**表1-2**にみるように様々な経営主体が利用している。機械の価格が高価なこともあり，法人や組織事業体が中心になっている。その多くが，北海道のコントラクターと農場TMRセンター（農地を保有する）である。その他，飼料製造会社，食品会社，肉牛会社のほか建設会社が新たな事業展開のために導入している事例もある。また，それらの導入は購入が大部分であるが，個人（法人）がリースを行って利用する事例もある。

供給側である細断型ロールベーラの利用主体と需要側である細断ロール飼料の利用主体の関係図を示したのが**図1-8**である。まず，自給飼料については，北海道などの農家で調製された牧草の細断ロールサイレージととうもろこしの細断サイレージを農業資材会社や農協が全国に流通させるほか，農場TMRセンターや飼料会社に原料として供給される。

表 1-2　細断型ロールベーラの利用主体と意義

利用主体	利用原料	生産物・商品	意義
民間会社（建設会社）	貯蔵とうもろこしサイレージ	圧縮コーンロール	耕作放棄防止
TMR センター	貯蔵とうもろこし S・牧草 S	TMR ロール・圧縮グラスロール	耕作放棄防止，収益源
飼料製造会社（本州）	食品残渣	TMR ロール	低コスト飼料生産
飼料協業組織	とうもろこし	圧縮コーンロール	新たな収入源
コントラクター	とうもろこし	圧縮コーンロール	新たな収入源・輪作体系作物
肉牛会社	食品残渣，飼料米，稲わら	TMR ロール	国内飼料資源の活用
個人（法人）（レンタル）	とうもろこし・牧草	圧縮コーンロール・グラスロール	サイロ有効利用，疾病減少
飼料販売会社	とうもろこし	圧縮コーンロール	とうもろこし委託生産販売

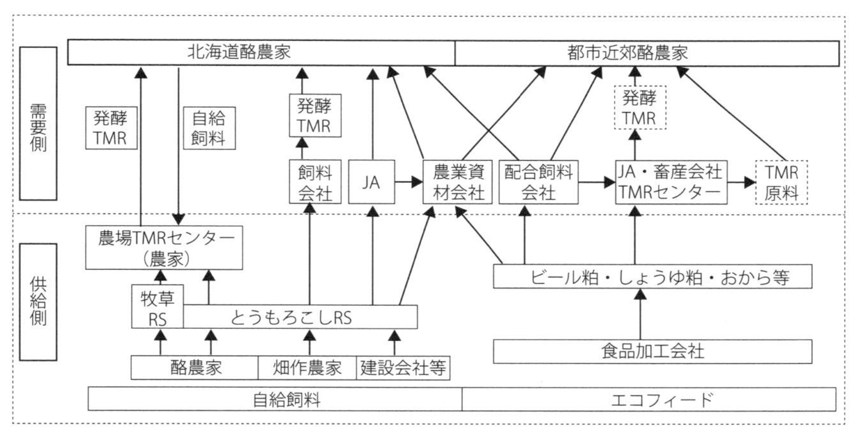

図1-8　細断ロール飼料の需給構造

一方，食品加工副産物などの食品残さは，配合飼料会社，工場TMRセンター（農地を保有しない），畜産会社などに供給され，そこからTMRや発酵TMRとして都市近郊酪農家などに供給される。

細断型ロールベーラの導入の意義は，第一に新たな事業（ビジネス）として，作業受託を行うコントラクターの販売部門の創出や建設会社の新たな事業展開の手段となっている。第二に建設会社が事業展開を行った事例では，農地の担い手が離農によって不在となり，耕作放棄地になる農地を引き受けるケースもある。また，農場TMRセンターにおいても離農地の引き受け手がない場合に引き受け手となり，地域農業の「最後の砦」となって農地の保全を行っている場合もある。第三に畑作における新たな作物として輪作体系の中に位置づけられることである。輪作体系の中の作物の収益性が悪い場合に，その作物に代わる作物としてとうもろこしが位置づけられている。第四にエコフィードとして，これまで利用率の低かった食品残さの有効利用である。長期保存が可能で，コンパクトに圧縮・成型・被覆することで流通が可能になり，産業廃棄物としての食品残さが商品となっている。

以下，各章では，細断型ロールベーラの利用実態を調査する中で，革新技術としての評価を行なうと共に，わが国における自給飼料およびエコフィード利用の意義と課題について検討を行った。

注

1）荒木（2015）は乳検データから，大規模層ほど経産牛1頭当たり乳量が高く，濃厚飼料給与量も多いことを指摘している。

2）荒木（2011）は道東地域の事例から，大規模層ではコントラクターによる細切りサイレージ調製が行われ，中小規模層では家族労働力のワンマンオペレーターによるロールベーラ・ラッピングマシーン体系が採用されている，と指摘している。

3）ここでは配合飼料の商品名が変わるため，同一商品の価格を追跡した。荒木（2015）を参照。

4）梶井（2011）は，「稲作農家が抵抗なく取り組める主食用米減産対策として主食用米生産抑制施策に取り込まれた」と批判している。

5）濃厚飼料と粗飼料の中間に位置するビートパルプなどもある。

6）家畜の飼料は，残飯養豚に見られるように歴史的に食品残渣物が使われてきたが，家畜栄養学の発展により，穀物など効率的な餌が使われるようになった。一方では，食品加工業，食品小売業などから排出される食品残渣物のリサイクル利用が政策的に進められてきた。（社）配合飼料供給安定機構（2009）を参照。

7）ロールベーラによって長い繊維の牧草を梱包する機械が開発されたが，細断型ロールベーラは短い繊維の成形・梱包を可能にした。志藤博克（2005）を参照。

8）細断型ロールベーラの構造は，梱包機械であるロールベーラと被覆機械であるラッピングマシーンを合体したものである。志藤博克（2005）を参照。

引用・参考文献

[1]荒木和秋「北海道酪農における共生と循環」『共生社会システム研究Vol.9,

No.1―大地と共生する，人・農・畜産―』共生社会システム学会，農林統計出版，2015年，pp.31-32
［２］荒木和秋「北海道における農場制酪農の胎動」仁平恒夫編著『北海道と沖縄の共生農業システム』農林統計協会，2011年，pp.103-108
［３］荒木和秋「円安が酪農経営に与える影響と背景」『農業と経済』昭和堂，2015年，pp.37-39
［４］梶井功「食料自給率50％引き上げのための政策課題」梶井編著『「農」を論ず』農林統計協会，2011年，pp.102-108
［５］（社）配合飼料供給安定機構「エコフィードを活用したTMR製造利用マニュアル」，2009年，pp.3-4
［６］志藤博克「細断型ロールベーラによるトウモロコシラップサイレージの効率的作業および給与技術」『畜産の情報』農畜産業振興事業団，2005年

（荒木　和秋）

第2章

北海道における自給飼料生産組織の展開と調製革新技術の活用

第1節　課題

北海道は自給飼料を基盤として酪農，畜産が展開してきた。北海道の2014年における自給飼料生産面積は，59万8,700haであり，これは全国93万1,600haの64.3％を占める。しかし，酪農における自給率（TDNベース）は都府県の13.8％に比べて高いものの，47.6％と50％を下回っている（「飼料をめぐる情勢」農林水産省，平成28年７月）。高泌乳牛化に伴って配合飼料の給与量が年々増加してきたためである。このことが，2007，2008年の世界食糧同時危機以降，飼料価格の高騰を招き北海道の酪農経営を苦境に陥れた。改めて自給飼料に立脚した酪農の重要性が再認識された。

北海道においては，都府県に先んじて自給飼料生産を構成する要素の技術革新や生産組織の展開によって，自給飼料生産の姿が急速に変貌してきた。現在，自給飼料生産および流通を大きく変えつつあるのが細断型ロールベーラという新しい調製機械の登場である。

本章では，まず北海道を対象に自給飼料生産組織の展開をコントラクター，農場TMRセンターを中心に紹介する。次に，2000年以降新たに登場した農場TMRセンターの代表的な事例を取り上げ，農場TMRセンターの機能と参加農家の経営構造の変化について紹介する。さらに細断型ロールベーラが，農場TMRセンターの経営展開に果たした役割について検討する。

第2節　北海道における自給飼料生産組織の展開

1）自給飼料生産の展開と生産要素

酪農家が給与する自給飼料の種類は自然条件と人為的条件によって決まるが，後者は生産主体，自給飼料作物の収穫調製技術，農業機械，貯蔵方法（施設）の4つの生産要素により決定する。これら生産要素の技術革新が相互に関係しながら自給飼料の生産，調製が展開してきた。

北海道における自給飼料生産（牧草）は，戦前および1960年代までは家族経営による青刈り牧草（生牧草）か乾草生産が主流で，乾草も刈り取ったままの姿で梱包をしない「干し草」であった。自給飼料における収穫機械および調製機械による生産の展開は，1960年代に入り第二次構造改善事業により機械化が進展し，協業組織が結成されるようになってからである[1)]。乾草調製機械は，乾草を20kg前後に圧縮，成型するコンパクトベーラが普及し，さらに1980年代には乾草を300～400kgのロール状に圧縮梱包するロールベーラが登場する。グラスサイレージ調製では，けん引式ハーベスタ，続いて自走式ハーベスタが登場し，機械が大型化していく。そして貯蔵施設はサイレージを貯蔵する様々なタワーサイロが建設されたが，1990年代以降は大型機械の作業効率に合わせたバンカーサイロが主流になってきた。一方，中小規模酪農経営においては，ロールベールをラッピングマシーンを使ってストレッチフィルムによって被覆するロールベール貯蔵が行なわれている。さらに2000年代に入り，細断型ロールベーラの登場によって高密度の細断ロール貯蔵が行なわれるようになった。しかも，細断型ロールベーラは新たに青刈りとうもろこしのロールベール貯蔵を可能にした。

こうした自給飼料生産技術の展開によって，乳牛に給与される飼料がどのように変化したのか，1965年以降2015年までの50年間について搾乳牛1頭当たりの飼料給与量の推移をみたのが**図2-1**である（資料：「畜産物生産費調査」)。戦後，主要な飼料であった生牧草，家畜ビートや飼料カブはほぼ1970

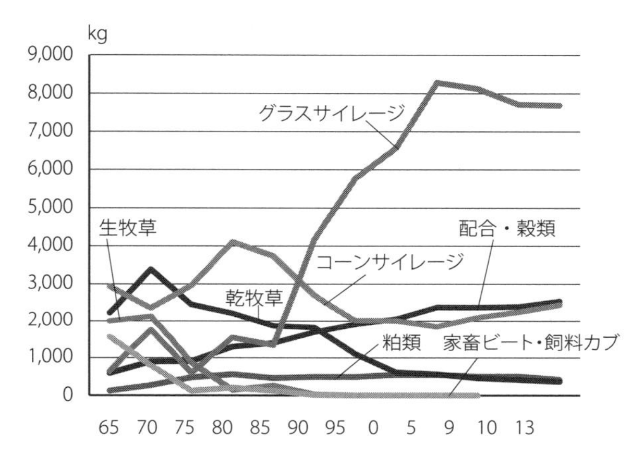

図2-1　搾乳牛1頭当たり飼料給与量の推移（北海道）

資料：「畜産物生産費調査」

年代に姿を消し，乾牧草は1970年の3,369kgをピークに年々減少している。一方，とうもろこしサイレージ（デントコーンサイレージ）の搾乳牛１頭当たり年間給与量は，1970年代までは2,000kg台であったが，1980年に4,091kgに急増する。しかし，冷害などの影響により2000年には2,000kgを割り込むようになるが，2010年以降，再び増加に転じ，2013年には2,425kgになっている。

こうした動きと対照的なのがグラスサイレージの着実な増加である。1980年に1,520kgであったものが2005年には8,280kgと5.4倍へと増大する。グラスサイレージが増大した要因は，飼料収穫機械の大型化と効率化および調製牧草の品質の安定化による。また，ロールベーラ，ラッピングマシーンによるロールベールサイレージ調製のワンマンオペレータ作業体系が確立したことによる。これとは対照的に乾草調製は作業日数に多くかかることと，降雨リスクを抱えていたことがハンディとなっていた。

こうした搾乳牛１頭当たりの飼料給与内容の変化の背景には，乳牛の生産性の向上である高泌乳牛酪農の推進があった。その中心的な役割を果たしたのが配合・穀類の増大であり，1965年の578kgから一貫して増大しており，

2013年には2,521kgと4.4倍となっている（各年次「牛乳生産費調査」）。

以上のように，自給飼料生産における農業機械の技術革新と自給飼料の調製技術，貯蔵技術の革新は密接に関係しており，さらに生産主体である生産組織の展開が大きく係わっている。まずは，生産主体である生産組織の展開を概観してみる。

2）自給飼料生産組織の展開

北海道における飼料生産組織の1950年代以降の展開過程をみると，**図2-2**に見るように，個別経営から出発して協業組織である機械共同利用組織，飼料生産協業組織，コントラクター，そして2000年に入り農場TMRセンター（以下農場TMRCに省略）の登場をみている。

こうした飼料生産組織の相次ぐ登場の背景として，家族経営単独の作業においては，様々な問題が生じていた。①労働力においては，夏期における搾乳と飼料生産の労働競合，家族の病気，ケガなどのリスクなどが存在した。②農地においては，分散による作業効率の低下，またふん尿の投入が所有地に限定されることで遠隔地の農地の投入制限があった。③資本においては個人所有機械の能力の限界や減価償却費の負担があった。④降雨による自給飼料の品質低下や農家間でサイレージの過不足が生じていた。

そこで1970年代に入り，飼料生産協業組織が設立される。しかし，労働力問題における家族の病気・ケガのリスクはある程度解決されたものの，依然として共同作業出役による労働競合は残った。また，資本についての問題点

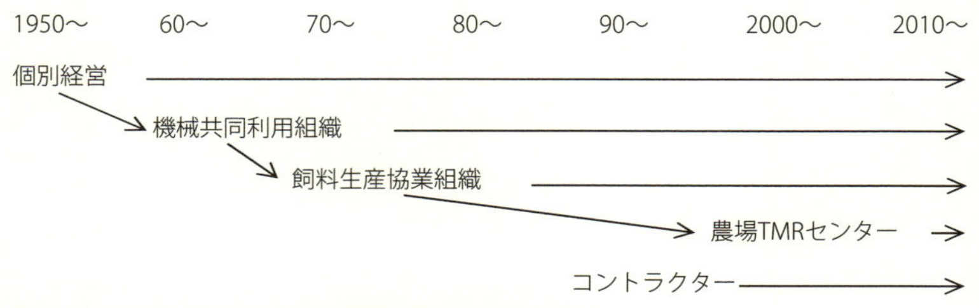

図2-2　北海道における飼料生産組織の変遷

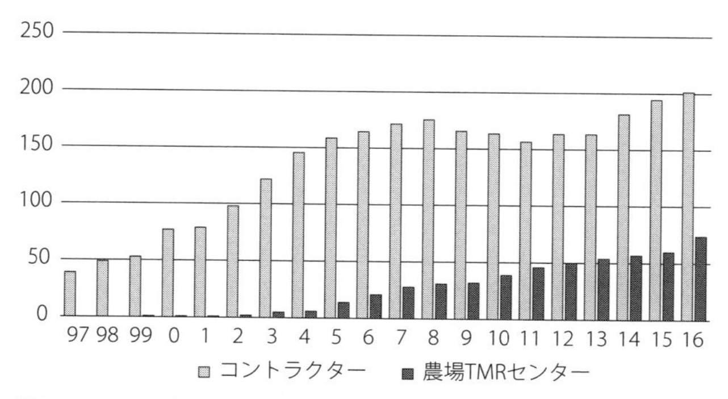

図2-3　北海道内のコントラクターと農場TMRセンターの推移

も解決は図られたものの，農地の分散や生産物の品質や過不足は基本的には解決されなかった。

これらの労働問題を解決する方法として，90年代に入り自給飼料生産の作業請負組織であるコントラクターが十勝地域を中心に登場した。**図2-3**に見るように2000年以降，急速に増加し，2016年には200を超えるまでになっている。コントラクターの登場によって，①の労働力の問題は農家の出役がなくなることで完全に解決され，③の資本の問題も賃料料金の支払いは生じるものの個人の負担は大幅に軽減がされた。

しかし，②の農地の分散など土地問題は解決されず，そのため生産物は個人所有であったことから，作業単位は収穫物を分散した農地からサイロに詰めることの繰り返しであったため，作業効率は低下せざるをえなかった。

そこで90年代末，コントラクターの延長線ではなく，協業組織の延長線上として登場したのが農場TMRCである。この組織の最大のメリットは，生産物を共有することで農地の個人所有意識が薄れ，構成員の全農地が一つの農場として利用されることで，農地問題や降雨リスク問題が解決されるという北海道の自給飼料生産の歴史においては，画期的な組織である。**図2-3**に見るように1999年にはわずか１組織であったものが，2016年には74になっている。

3）コントラクターと農場TMRセンターの企業形態

酪農の飼料生産組織であるコントラクターと農場TMRCは，それぞれ委託農家および構成農家との間において独自の関係にある。コントラクターは市町村全体をカバーする経営体が多く，**図2-4**に見るように委託農家とコントラクターはそれぞれ独立した経営体であるため，コントラクターへの依存度合によって委託農家の機械装備に差が出てくる。委託農家が機械装備を放棄してコントラクターに全面的に依存する場合には，一種の両者の経営複合体が形成される。

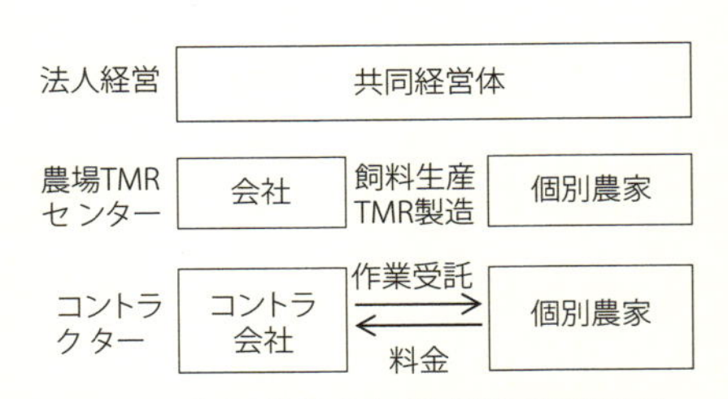

図2-4　各経営体と個別経営の関係図

一方，農場TMRCの構成農家は，サイロなどの貯蔵施設も廃棄し，農家の飼料生産と飼料調合作業を協業化するため，より強固な経営複合体が形成される。さらに個別農家が担当する搾乳部門も協業化すれば共同経営体としての法人経営へと発展する。そのため農場TMRCにおいて，構成員が離農などで離脱した場合には，新規就農や追加加入で規模の維持を図っている。これは，多額の建物，施設，機械投資を行なっていることから，規模の縮小はセンター経営の収益を悪化させるからである。このことは農地面からも確認できる。

以下，筆者らが行ったアンケート調査から，コントラクターおよび農場TMRCの現状について紹介する[2)]。**表2-1**は，農場TMRCの管理農地の構成員の離農に伴う農地の処分についてみたものである。農場TMRCの管理農地は増加が26件であるのに対し，減少はわずかに1件のみである。これは，農場TMRCの構成員で離農が出た場合の対応として，センター借地，構成員購入，構成員借地がそれぞれ10件，計30件であるのに対し，構成員以外の購入3件，構成員以外の借地6件と離農跡地件数の約4分の3はセンターが

表 2-1　TMR センター管理農地面積の変化理由と離農地の処分

農家数規模		～9 戸	10～19 戸	20 戸～	計
増加	TMR センター農地増	7	5		12
	構成員の農地購入	3	1		4
	構成員借地増	2	3		5
	構成員の増加	3	2		5
減少	構成員の離農				
	構成員借地減		1		1
	構成員の農地売却				
離農者の農地処分	TMR センターが借地	3	5	2	10
	構成員が購入	5	4	1	10
	構成員が借地	3	5	2	10
	他が購入	1	1	1	3
	他が借地	2	2	2	6

資料：『北海道におけるコントラクターおよび TMR センターに関する共同調査報告書』p.179

確保しており，農場TMRCの組織維持行動をみることができる。

4）コントラクターの企業形態と機能類型

北海道におけるコントラクターの本格的な展開は1990年代に入ってからである。当時は，様々な企業形態が登場した。第一に農家グループが結成した有限会社，第二に農協直営組織，第三に農機具会社，第四に土木建設リース会社，第五に個人の土建業者など多岐に亘っていた[3)]。しかし，第三の形態の多くは，採算割れしたことで多くが撤退した。その後，第六に市町村が関与する公社組織も新たに登場している。

コントラクターの類型は三つの観点から区分できる。第一に作業機能から，作業部門の対象として，飼料収穫・調製と糞尿処理を行なう酪農型と畑作作業を併せて行なう酪農・畑作型に分けられる。第二に事業機能として，圃場関係作業のみを行う圃場専業型とヘルパー作業や公共牧場などの作業も併せて行う他部門兼業型に分けられるが，後者の事例は少ない[4)]。第三に自給飼料の販売活動の有無によって，自給型と自給・販売型に区分される。**表2-2**は，作業の実施状況を見たものであるが，牧草サイレージ，飼料用とうもろこしサイレージの調製作業および堆肥処理の実施比率が高くなっている。一方，

表 2-2　コントラクターの事業内容（複数回答）

組織の運営形態	実数				作業実施比率（%）			
	会社組織	農協直営	農家任意組織	総計	会社組織	農協直営	農家任意組織	総計
組織数	20	9	3	32				
牧草サイレージ調製	20	8	2	30	**100**	**89**	**67**	**94**
とうもろこしサイレージ調製	12	8	2	22	**60**	**89**	**67**	**69**
牧草ラップサイレージ調製	7	1		8	35	11	0	25
牧草施肥	8	5		13	40	56	0	41
乾草調製	3	1	1	5	15	11	33	16
耕起・砕土・整地	13	6	1	20	**65**	**67**	33	**63**
とうもろこし播種	11	6		17	**55**	**67**	0	**53**
とうもろこし防除	4	2		6	20	22	0	19
とうもろこし施肥	4	4		8	20	44	0	25
土改剤散布	7	4		11	35	44	0	34
堆肥運搬	13	5	1	19	**65**	**56**	33	**59**
堆肥散布	17	7	1	25	**85**	**78**	33	**78**
堆肥切り返し	8	6	1	15	40	**67**	33	47
スラリー散布	14	2		16	**70**	22	0	**50**
尿散布	9	3		12	45	33	0	38
牧草サイレージ販売	3			3	15	0	0	9
とうもろこしサイレージ販売	4			4	20	0	0	13
乾草販売	2			2	10	0	0	6
その他の事業	3	4		7	15	44	0	22

資料：表 2-1 と同じ。p.190
注：太字は 50%を超える作業

自給飼料の販売比率は低く，10～20%であるが，乾草販売２件のほか，牧草サイレージ販売３件，とうもろこしサイレージ販売４件となっている。これらのサイレージは細断型ロールベーラを使った細断・圧縮成型・被覆サイレージである。

5）農場TMRセンターの機能類型

日本におけるTMRセンターは，もともと本州で設立が始まり，すべて購入飼料を原料としてきたのに対し，北海道のTMRセンターは，自給飼料と購入した配合飼料を混合することから，農地に基盤をおいた土地利用型である農場TMRCといえよう。そのため，農地を所有せず全ての購入飼料を原料とするTMRセンターを工場TMRセンターとして区別した。後者はすでに1970年代半ばに愛知県などで登場し，本州，九州で設立されている[5)]。

北海道で最初に設立された農場TMRCは，作業効率を図るため農地の集約化を積極的にすすめたことから農場制農業の展開が期待された[6)]。

農場TMRCの企業形態は，農家グループ型，農協直営型，農協関与農家グループ型（農協支援型）の３類型に大きく区分される。コントラクターの企業形態と違って，民間会社の参加は見られない。これは農場TMRCの建設に当たっては，多額の補助金の支援を受けるものの，民間会社は補助金支給の対象にならないことから運営を行っても採算に合わないためである。

農場TMRCの基本的な機能は，**図2-5**に示すように飼料生産協業組織とTMR製造所が合体したものである。構成員は自給飼料生産の作業に参加するとともに，農場TMRCからTMRの配給を受ける。ただし，農家の出役がない組織もある。このように農場TMRCは，あくまでも飼料生産については会社において共同で行なうものの，搾乳などの飼養管理については家族経営で行なうという家族経営と法人経営が結合した全く新しい組織である。

この基本型をもとに作業の分担や販売活動から，様々な稼動類型の農場

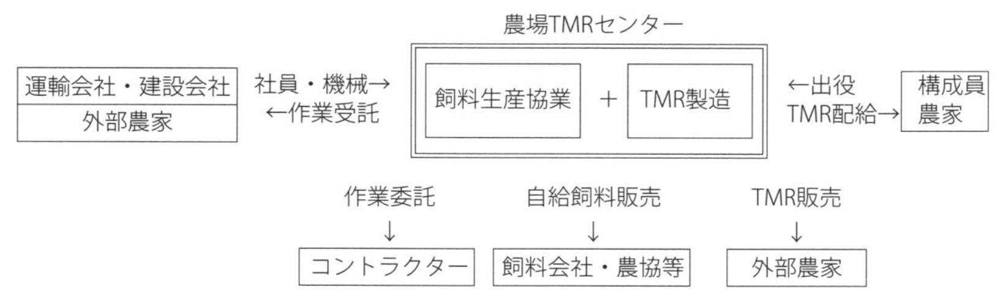

図2-5　農場TMRセンターの機能図

表 2-3　農場 TMR センターの経営類型別，規模及び設立年次

業務内容		TMR 製造のみ	TMR 製造＋飼料栽培	TMR 製造＋飼料栽培＋作業受託	計
	類型	TMR 専業型	基本型	コントラ型	
年次	99～04 年		2	3	5
	05～12 年	3	8	**13**	24
	計	3	10	16	29
規模	～9 戸		4	**10**	14
	10～19 戸	2	5	5	12
	20 戸～	1	1	1	3
	計	3	10	16	29

資料：表 2-1 と同じ。p.174

TMRCが展開している。まず，第一に飼料生産機能から類型区分を行なうと，**表2-3**に見るように構成員の出役で飼料生産を行なう基本型，飼料生産作業を地区のコントラクターに委託し，自らはTMRの製造に専念するTMR製造専業型（TMR専門型），逆に地区農家の作業を受託する作業受託型（コントラ型）に区分できる。また，コントラ型においても地区の建設会社や運送会社などに一部作業委託を行うなど，地域内での分業体制が取られている。設立年次では，2005〜12年が多く，参加戸数の少ない相対的に規模が小さいコントラ型が多くなっている。

第二にTMR製造および配送機能における雇用形態から類型区分を行なうと，作業を自社の雇用で行う自社雇用型（構成員が一部分担する場合もある）と外部の会社に委託し，派遣された社員が製造を行なう派遣社員型とに分けられる。

第三に自給飼料およびTMRの販売機能から類型区分を行うと，地区農家へ自給飼料やTMRを販売することで，飼料の地域供給を担う販売型と販売を行なわない自給型に区分される。自給飼料およびTMRの販売を示したが**表2-4**である。29センターのうち23センターが自給飼料の販売を行っている。特に，作業受託を行うコントラ型の積極的な販売活動が読み取れる。販売されている飼料の種類をみると細断ロールグラスサイレージ（以下細断RGS）が16件と全体の半分以上のセンターで販売されている。また，最も流通している乾草に近いロールグラスサイレージ（ロールGS）も13のセンターで扱われている。細断GSは乾草とともに広域流通が可能な自給飼料であり，また，細断成形被覆されたとうもろこしサイレージ（以下細断RCS）も細断RGSと同様に流通可能な形態をとっており，自給飼料の販売形態が数種に亘っていることがわかる。また，注目されるのはコントラ型16センターのうち7センターがTMRの販売を行なっていることである。このTMRについても細断型ロールベーラが使われ，圧縮成型被覆タイプのTMRが製造されている。

農場TMRCにおける自給飼料およびTMRの販売は，従来の余剰飼料の販売の段階から収益目的へと大きく姿を変えてきたと言えよう。

表 2-4　自給飼料，TMR の外部販売（重複回答）

規模・機能類型	センター数	グラスサイレージ（細断）販売	グラスサイレージ（ロール）販売	デントコーンサイレージ販売	TMR 販売	乾草販売	延累計
〜9戸	14	7	5	2	3	3	20
10〜19戸	12	8	7	2	5	4	26
20戸〜	3	1	1		1		3
計	29	**16**	13	4	9	7	49
TMR 専業型	3	2	2	1	1	2	8
基本型	10	4	**6**	1	1		12
コントラ型	16	**10**	5	2	7	5	**29**
計	29	**16**	13	4	9	7	49

資料：表 2-1 と同じ。p.183

現在の農場TMRCは，以上の三つの類型である，事業内容，雇用の有無，自給飼料およびTMRの販売の組み合わせで組織が性格づけられる。

第3節　細断型ロールベーラを活用した農場TMRセンターの組織構造

北海道では自給飼料を基盤とした農場TMRCが増加している。その中には，余剰のサイレージを細断型ロールベーラで調製し，販売する事例も出ている。また，サイロサイレージは夏場において変敗し易いため，細断型ロールベーラで発酵TMRを作り乾乳用に配給する事例が出てきた。

そこで，道北地域の下川町にある有限会社下川フィードサービス（以下，下川FS）を対象に，農場TMRCにおける細断型ロールベーラの活用事例を紹介する。本節では，2009年に行ったアンケート調査を中心に紹介する[7)]。

1）農場TMRセンター設立の背景

道北の上川支庁北部に位置する下川町は人口3,374人（2017年７月１日）の農業と林業の町である。2000年の人口は4,413人であったことからこの17年間で24％減少しおり，急速に過疎化が進行している。12年の農家戸数は154戸（うち酪農32戸），経営耕地面積は3,870ha，うち水田778ha，畑3,092ha（普通畑2,641ha，牧草地451ha）である。12年の農業粗生産額は，19億円で，酪農は11.7億円で62%を占めている。離農は，まず稲作から始まり，次に畑作へと進行し，最近は酪農にも及んできた。そこで，農地保全の最後の砦として農場TMRCの設立が構想された。

下川町の酪農は，規模拡大に伴って労働過重，機械の過剰投資，糞尿処理，飼養管理技術問題などが生じてきた。また，飼養頭数の増大にともなって農地も拡大したものの，農地は町内に広がっていた。そこで農場TMRCの設立が持ち上がったものの，当初，町の東部に位置する一の橋地区の６戸で計画を具体化する中，町の南部に位置する班渓（パンケ）地区も設立を希望した。しかし，一つの町に二つの補助事業は困難であるとの判断から，輸送コストを考えてTMRセンター（施設）を２ヶ所に建設し，さらに渓和地区の１農家の既存の設備を利用することで計三つのTMRセンターをつくることになった。

１戸だけ離れた個人が参加した理由は，この農家と班渓地区の下川FS参加予定の親戚農家と共同作業を行っていたためである。しかし，個人参加農家はフリーストール・ミルキングパーラーを建設したばかりで，しかもバンカーサイロも新しかったこと，また，自分でミキシング（飼料混合調製）を行っていた。そこで，それらの施設，機械を生かすことで自給飼料生産調製は下川FSの組織の一員として行うものの，飼料混合調製は個人で行うことになった。

２）下川FSの組織概要

こうした事情のもとで，下川FSは04年10月に設立され，05年８月からTMRの供給を開始した。構成戸数は19戸でスタートし，３戸が離農したものの１戸の新規就農を受け入れて2012年には17戸になっている。組織は，圃場管理，機械施設，収穫調製，総務，TMRの５つの部会で構成される。構成員および従業員４名による作業は，とうもろこしの播種，除草剤散布，乾草収穫，糞尿処理作業などであるが，グラスサイレージおよびとうもろこしサイレージの収穫，運搬，踏み込みの各作業はM運輸に委託している。また，

TMR製造とバラ配送は従業員が行うが，細断型ロールベーラによる圧縮ロール製造および配送はS運輸に委託している。

3）下川FSの資本装備

下川FSは①一の橋，②班渓，③渓和（１戸）の三つのTMRセンター（飼料貯蔵，TMR製造所）で構成され，全道の農場TMRCの中では特異なTMR供給体制をとっている。TMRセンターを大きく２ヵ所に設立したことで輸送コストは安くなったものの，施設費，人件費が多くなっている。ただし，作業と会計は一緒に行っている。設立時の総事業費は６億３千５百万円で，主な施設は**表2-5**にみるように，バンカーサイロ21基（うち４基が増設），飼料調製棟などが補助事業で導入されているほか，３ヵ所にある既存の構成員のバンカーサイロ15基も使われている。また，農業機械類は，**表2-6**に見るように自走式ハーベスタ２台，自走式ミキサー車３台のほか，耕起整地用機械一式，糞尿処理機械一式，コーンプランター２台が補助事業で導入されるものの，トラクターや牧草調製機械の一部は構成員からの借上げ（リース）を行っている。

表 2-5　下川 FS の主要施設

施設	TMR センター		
	一の橋	班渓	渓和
バンカーサイロ	8 基	9 基	
既存バンカーサイロ	5 基	4 基	6 基
飼料調製庫	1 棟	1 棟	
飼料タンク	7 基	8 基	
飼料梱包機		1 機	
飼料梱包駆動機		1 機	
サイレージエレベーター	2 台	2 台	
計量器	1 台	1 台	
格納庫		1 棟	
管理事務所	1 棟	1 棟	

注：（有）下川フィードサービス資料よりバンカーサイロの規模は１基：12m×50m×2.7m 事業は既存施設と管理事務所を除きすべて「新山村振興等農林漁業特別対策事業」2005 年である。

表 2-6　主要農業機械

導入	機械名
新山村振興等農林漁業特別対策事業	自走式ハーベスタ３，自走式ミキサー３，モアコン８，マニュアスプレッダ８，スラリータンカー３，バキュームカー３，ハイダンプワゴン４，フォークリフト２
自己資金	チゼルプラウ３，パワーハロー４，ディスクハロー２，フロントモア２，タイヤショベル４，ユニック車１
リース	テッダー７，レーキ４，ロールベーラ７，ファームダンプ３，　ラッピングマシーン３，ブロードキャスター４，トラクター15

注：（有）下川フィードサービス会社案内より作成

４）農地の状況

下川FSの管理圃場面積は，設立時の1,174haから12年の1,217haに微増しているが，そのうち借入地は82haから146haに増えている。また，個々の農家が会社設立まで行ってきた借地は，名義上はそのまま個人が継続している。現在の会社の借地相手の離農の理由は多くは高齢化（後継者不在）であり，いずれの農地も引き受け手が無かったことから，下川FSが引き受けなければ耕作放棄地になった可能性が大きかった。離農農地の一部については，農

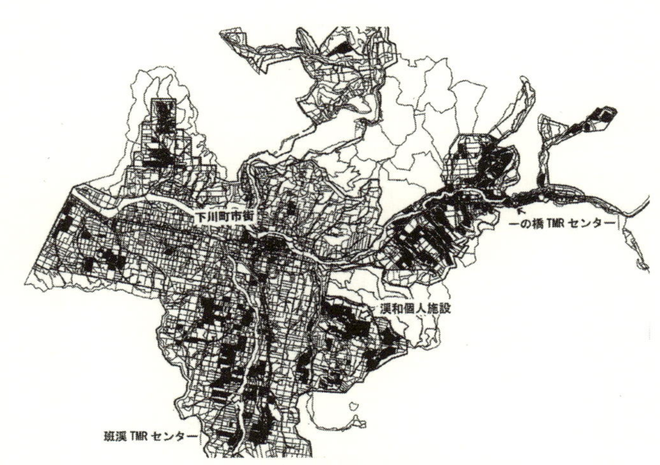

図 2-6　下川フィードサービスの農地と施設配置図

注：黒い部分が下川 FS 管理農地

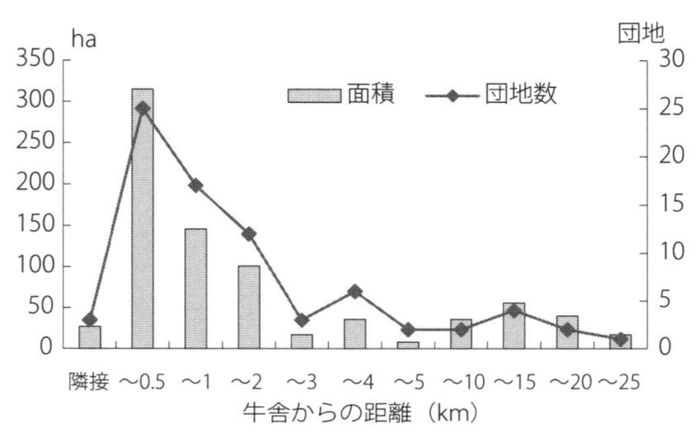

図2-7　農地の分散状況

資料：下川FS農地台帳より作成

地保有合理化事業を利用して借地を行い，その後2012年に買取りを行って新規参入者の受入れを行なっている。

構成員農家の下川FSへの参加の最大の理由は，これらの農地の分散状況の深刻さにあった。**図2-6**，**図2-7**に見るように，下川FSの設立前まで，積極的に規模拡大を図ってきた酪農家は，離農が相次いでいた水田地帯へと進出し経営耕地は全町に広がった。農地によっては20kmを超えることもあり，農作業上深刻な問題になっていた。

5）自給飼料の収穫，調製

下川FSでは１番草は全ての草地を使ってグラスサイレージ調製と乾草調製を行っているものの，２番草は乾草調製を行わないなど草地の十分な活用が行われていない。そのため２番草までの全草地延べ面積の60％程度しか収穫されていない。

その理由として，①バンカーサイロが不足していること，②自走式ハーベスタが作業できない傾斜地ではロールベーラによる乾草調製に限定されること，③離農者からの借地があり飼料に余裕があること，④飼料用とうもろこしの作付けで自給飼料に余裕ができたこと，などである。さらに，バンカーサイロを増設したこと，サイレージのほうが乾草より調製作業時間が短いことから，乾草調製面積は06年の421haから12年は202haに半減している。

表 2-7　下川 FS の作付けおよび牧草調製別面積（2012）

作物・調製	面積（ha）	土地条件・利用条件
青刈りとうもろこし	312	平坦地・水はけ良好・地力良好
１番グラスサイレージ	703	傾斜緩やか・地力良好
１番乾草	202	グラス S 利用以外の農地
２番グラスサイレージ	703	グラス S 利用以外の農地
２番収穫なし	202	１番草の収穫が遅れた草地
合計	2,122	

資料：下川フィードサービスでの聞き取り（2013 年）

下川FSでは，**表2-7**にみるように最も条件の良い農地には飼料用とうもろこしが作付けされ，次に条件の良い土地では牧草のサイロ（細切り）サイレージ調製が行われている。これは自走式ハーベスタの作業効率を考えてのことである。それ以外の農地では乾草やロールラップサイレージの調製が行われている。

6）TMR製造と細断型RBによる発酵TMRの製造

下川FSが製造するTMRは，搾乳用２種類，乾乳用２種類である。飼料構成は，**表2-8**にみるように搾乳牛用（35kg）は原物でとうもろこしサイレージ29.3kg，グラスサイレージ17.2kg，配合９kg，ビートパルプ0.7kg，バイパスタンパク0.3kgであり，自給飼料にウェイトを置いたTMR設計になっている。TMRは，バンカーサイロのサイレージを自走式ミキサーで掻きこみ，

表 2-8　TMR の構成内容（乳牛１頭当たり，2013 年５月現在）

（原物，kg）

飼料	搾乳 35kg	搾乳 40kg	乾乳前期	乾乳後期
配送形態	ダンプ	班渓	圧縮ロール B	圧縮ロール B
コーンサイレージ	29.3	31.8	11.7	7.2
グラスサイレージ１番	5.5	5.9	18.3	12
グラスサイレージ２番	11.7	12.5		
乾草			3	2.5
ビートパルプ	0.7	0.4		
配合飼料	9	9.8	0.5	3.3
バイパスタンパク	0.3	0.5		
糖蜜			0.3	0.2
計	56.8	61.2	34	25.2

資料：下川 FS の資料より。

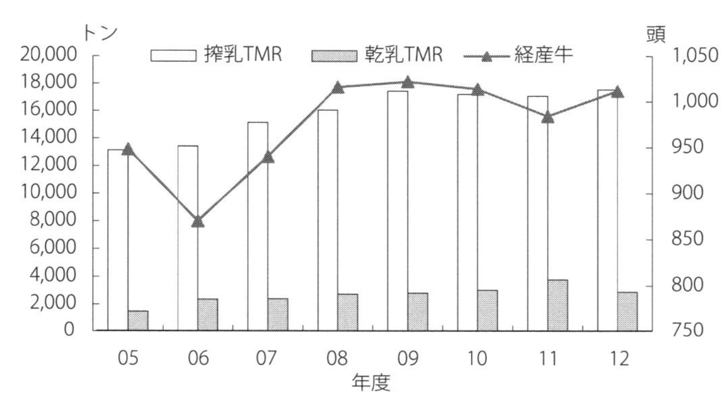

図2-8　下川FSの経産牛頭数とTMR供給量の推移

資料：（有）下川フィードサービス案内から作成

そこに配合飼料，乾草，ビートパルプなどを混合して製造される。

TMRの供給量の推移は，**図2-8**にみるように搾乳牛用TMRが17,000ｔ台で頭打ちになっているものの，乾乳牛用は11年には3,800ｔまで伸びている。これは，下川FSでは2011年３月から細断型ロールベーラを新たに１機導入し，乾乳用発酵TMRの製造を開始している。それまで500kgのフレコンバックで配送していたものの，乾乳牛用の消費量が少ないため夏場の変敗が起きていた。それが細断ロールの発酵TMRにすることで，夏場に開封しても１週間は２次発酵が起きないため農家に好評で，そのため10年の3,028ｔから11年には3,789ｔと25％も増加している。ただし，12年は１戸の離農があり2,900ｔに減少している。

７）TMRの配送体制と細断ロールのメリット

TMRの配送形態と体制は，**表2-9**および**図2-9**にみるように８戸がバラ配送，６戸が圧縮ロール配送，３戸の牛舎がセンターに隣接していることから移動式ミキサーによる直接配送である。

TMRを細断型ロールベーラで圧縮ロールにして配送する理由は，①農家がTMRの受入施設を新たに建設する必要がないこと，②下川町では毎年冬

表2-9　下川フィードサービスのTMR配送形態農家数

（戸）

タイプ	TMR配送形態	TMRセンター		
		班渓	一の橋	渓和
I	自走式ミキサー	1	1	1
II	搾乳用バラ	7	2	
III	搾乳用細断ロール	6		
IV	乾乳・育成用細断ロール	14	3	
計		14	3	1

資料：聞き取り調査による

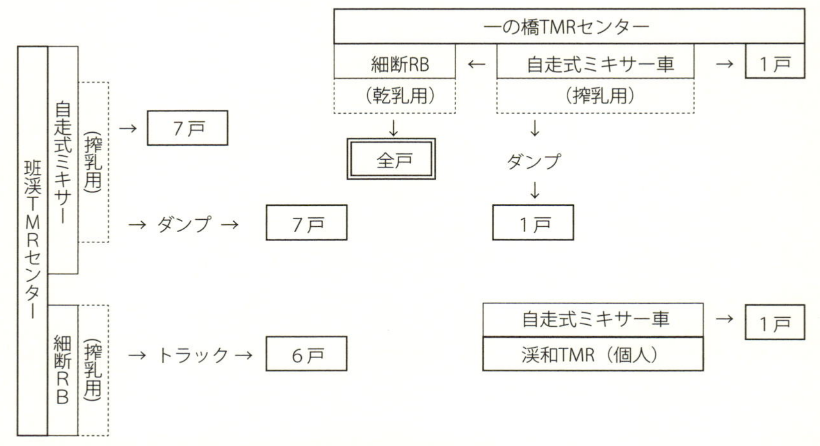

図2-9　下川FSにおけるTMRの製造・配給形態

に数回の吹雪に見舞われる。その場合，給与する2～3日前までにTMRを供給する必要があること，③正月休みに貯蔵しておけること，等である。

細断ロールのメリットは，バンカーサイロからサイレージを取り出してTMRを製造して細断ロールにすると，新たな発酵が起こり，消化率，嗜好性も高まることである。ただし，梱包資材（ネット，フィルム）が1個（1t）につき800円で，燃料等を加えると1,000円になり，これはTMR 1kgにつき約1円かかることから，この分がバラ配送よりも高くなっている。

8）細断ロールサイレージの販売と経営成果

下川FSの経営成果は，11年度でみると，売上高4億5,440万円に対し，売上原価は４億3,226万円，販売管理費2,794万円で営業利益は580万円の赤字になるものの，奨励助成金1,186万円などの営業外収益があるため，営業外費用を差し引いても133万円の経常利益および95万円の当期利益が計上され，健全経営が行われている。売上に貢献しているのが細断型ロールベーラによる自給飼料の販売である。12年度は，グラスサイレージ1,619ｔ，とうもろこしサイレージ615ｔ，乾乳用TMR161ｔが販売されている。下川FSでは，細断ロールサイレージを圃場で直接調製する場合，品質のバラツキが大きい。そこで，一旦バンカーサイロに貯蔵し，それを取り出して品質をチェックして細断型ロールベーラで圧縮成型・被覆して販売している。販売先は，旭川市，士別市，士幌町，岩手県で，kg当たり販売単価はグラスサイレージ13円，とうもろこしサイレージ16円である。

第４節　下川FS参加農家の経営構造の変化

１）下川FS参加による資本装備などの変化

本節では2015年に行った聞き取り調査の結果を中心に紹介する。下川FSは，2005年８月からTMRの供給を始めているが，その直後の2007年に下川FS参加農家の経営でどういった変化が生じたかを見たのが**表2-10**である。

まず，以前の牧草調製作業は，17戸のうち共同作業は３戸で，他14戸は個人作業であった。農場TMRCの設立は，協業組織への参加であり，そのため個人所有の多くの農業機械やサイロは不要になる。農業機械は６戸が「殆ど売却」，６戸が「主要機械所有，他売却」で他は「下川FSにリース・他売却」であった。サイロについては，No.1はTMRセンターに隣接していることから，No.2はTMRセンターの一部になっていることから，そのまま会社が引き継ぎ利用している。他10戸は，放置か取り壊しを行っており，３戸は飼料庫として利用している。

一方，下川FSの設立に伴い，参加農家が新たに購入した機械は，自走給餌車，TMRを貯蔵するダンプボックスであり，農家によってはTMRの受け

表 2-10　下川 FS 参加に伴う機械・サイロの処分，新規購入機械など

階層	農家	乳牛（頭）		以前牧草調製内容	所有機械・サイロの処分		購入機械・新規施設	取引先の変化	
		経産	育成		機械	サイロ		飼料	肥料
I	1	129	82	個人サイロ S	一部リース・他売却	B リース	—	商→ホ	商→ホ
	2	85	28	共同サイロ S	大部分リース	会社利用		商→ホ	商→ホ
II	3	56	26	個人 RS	大部分所有	放置	自走車・DB	ホ→ホ	
	4	51	26	共同サイロ S	主要機械所有，他売却	取り壊し	自走車・DB・飼料庫	商→ホ	ホ→ホ
	5	48	19	個人 RS	殆ど売却		自走車	ホ→ホ	ホ→ホ
	6	48	15	個人 RS	一部リース・他売却	放置	自走車・DB・飼料庫	商→ホ	
	7	46	39	個人 RS	主要機械所有，他売却	壊・放・飼	自走車・飼料庫	商→ホ	ホ→ホ
	8	43	30	個人 RS	殆ど売却	放置	自走車	商→ホ	商→ホ
	9	42	27	個人 RS	殆ど売却	壊・放置	自走車	商→ホ	商→ホ
	10	40	38	個人 RS		放置	自走車・DB・飼料庫	商→ホ	ホ→ホ
III	11	38	26	共同サイロ S	殆ど売却	放置	自走車・飼料庫	商→ホ	商→ホ
	12	38	25	個人 RS	主要機械所有，他売却	飼料庫	自走車・飼料庫	商→ホ	ホ→ホ
	13	36	18	個人 RS	主要機械所有，他売却	飼料庫	トラック一式	商→ホ	商→ホ
	14	34	16	個人 RS	主要機械所有，他売却，リース	放置		商→ホ	商→ホ
	15	29	15	個人 RS	主要機械所有，他売却	放置		ホ→ホ	ホ→ホ
	16	28	3	個人 RS	殆ど売却	放置		商→ホ	ホ→ホ
	17	27	17	個人 RS	殆ど売却	飼料庫	飼料庫	ホ→ホ	ホ→ホ

資料：荒木「限界地の農地管理を担う農場制型 TMR センター」『粗飼料の生産・利用体制の構築のための調査研究事業報告書』（財）農政調査委員会，2008 年

注：原データはアンケート調査（2007 年）による。農業機械の DB はダンプボックス，牧草調製方法の R はロールサイレージ，S はサイロサイレージ取引先の商は商系，ホはホクレンである。

入れのための飼料庫を新たに建設している。

さらに，下川FSの参加に伴う農業機械の処分内容を詳しくみたのが**表2-11**（2015年調査）である。牧草収穫・調製付属機，糞尿処理機械，トラクターなどが売却，廃棄され，その他一部の機械は下川FSにリースされたため，構成員農家で所有する機械は，牛舎管理機械のみである。

個々の経営にとって資本装備と同様，大きな変化は資材の取引先の変更である。それまでの農家独自の取引から下川FSが一括して取引を行うことになったからである。**表2-10**にみるように，飼料については商系が13戸，ホクレンが４戸であったが，これが一括してホクレンとの取引に代わっている。また，肥料も商系７戸，ホクレンが８戸であったが，これもホクレンとの一括取引に変わっている。いわば農場TMRCの設立に伴う資材取引の変更は，いわば「オセロゲーム」になるため，取引先の会社の業績に大きく影響する

表 2-11　TMR センター参加時の機械の所有状況

階層	No.	プラウ	ディスクハロー	ローラー	ブロードキャスター	ライムソア	モアコン	テッダー	レーキ	フォレージハーベスタ	ロールベーラ	ラッピングマシーン	ロールグリッパ	ブロアー	コーンプランター	コーンハーベスタ	スプレヤー	フロントローダ	サイレージカッタ	バキュームカー	マニュアスプレッダー	トラクター	ショベル	ダンプ	トラック	その他
I	1	◎	◎	◎	×	×	◎	◎	◎	◎	◎	◎	×		◎		×			△	◎	◎		◎	◎	◎
II	2				×		◎	×	◎		◎	◎									◎	◎		◎	◎	◎
	3	○			□		□	◎	◎	◎	◎	◎		×			×	×	×	□	×	○			□	
	4																									
	5	×					○	◎	◎	◎	◎	◎	×	×				○			×	○	○	×	×	
III	6	○			◎		△	◎	◎		◎	△	○	△			△	○		○	○	○	○	○	◎	
	7						◎	◎	◎		◎	◎	○					○			◎	○	○	○	◎	
	8	△			×		◎	◎	◎		◎		△	×	×	◎	◎				◎					
	9			○	◎		◎	◎	◎							◎		○			◎	◎			◎	
	10	×		×	×		×	◎	◎		◎	◎	○					×				◎		×	×	
	11	◎			◎	×	◎	◎	◎	◎	◎	◎					×				◎	◎			◎	
	12																					○	○			
IV	13				◎		△	◎	×		×	△	○					○		◎	◎	○			◎	
	14				◎		◎	◎		×	◎					×		○				○				

資料：『北海道農業経営調査』第 28 号
注：◎→売却，×→廃棄，○→自己所有でその後利用，△→自己所有でその後利用しない，□→下川 FS にリース

ため，取引業者にとっては大きな関心事でもある。

2）構成農家の経営の概況

下川FSの参加農家17戸のうち14戸の経営概況を見たのが**表2-12**である。経産牛飼養頭数は，No.1の245頭を除くと，他農家は70頭以下で最小は26頭である。経産牛頭数39～55頭が10戸と71％を占め，北海道の2014年の経産牛平均頭数が68頭であったことから，下川FSの参加農家は中小規模の農家群である。経営耕地面積は，12戸が50haを超えており乳牛頭数に比較して豊富な農地を所有しているが，これらは下川FSで共有されている。土地利用は採草地，飼料畑（とうもろこし）が主体であるが，わずかに放牧地があり個人利用が行われている。労働力は，８農家が２世代就業，６農家は１世代就業であるが，いずれも高齢化が進んでおり，世帯主が60歳以上の農家は８農家と半数を超えている。家族数が少ない農家にとっては下川FSによる協

表 2-12　構成員農家の経営概要

階層	No.	家畜頭数				経営耕地面積				労働力	
		乳用牛			肉用牛	採草地	放牧地	とうもろこし	合計	主ー妻	後継者-嫁（父-母）
		経産	育成	合計	合計						
I	1	245	188	433		42.6		21.0	63.6	67-63	39-30,雇用５名
II	2	69	49	118	17	51.2		38.8	90	66-58	31
	3	55	35	90		30.1 (19.8)	10	5.1 (11.3)	76.3	60-58	雇用１名
	4	53	37	90		58		4	62	34-34	
	5	50	30	80		58			58	47-45	22
III	6	49	25	74	1	60		5	65	36	66-62
	7	48	40	88	4	50(8)	7	0(5)	70	56-53	20，23（娘）76（父）
	8	47	32	79		11(7)	2	41(4)	65	65-60	40
	9	45	35	80		35(5)	2	8	50	38-35	67-60
	10	42	18	60		61.1			61.1	69	42-42
	11	39	37	76		10.7 (6.4)		30.8	47.9	63-56	26
	12	39	18	57		49	3		52	59	雇用 27
IV	13	33	26	59		24.65 (7.7)		28.81	72.86	61-62	
	14	26	11	37		5(3)		6(3)	17	67-64	
合計		840	581	1421	22				850.8		
平均		60	41.5	101.5	7.3				60.8	56.3-54.5	

資料：表 2-11 と同じ。

業作業は，酪農経営の維持に重要な役割を果たしている。

3）飼料給与作業の変化

構成員農家のTMRの使用（配送）形態と給餌作業の内容について見たのが**表2-13**である。まず，搾乳牛用TMRの配送形態は，すでに**図2-9**でみたようにTMRセンターに隣接するNo.1および１戸単独運営の渓和TMRセンターのNo.2では，TMRはミキサーで配送され，直接餌槽に給与される。そのほか，バラ配送８戸，細断ロールベーラ配送４戸である。一の橋TMRセンター利用の１農家，班渓TMRセンター利用の７農家については，自走式ミキサーで混合されたTMRはダンプで配送される。乾乳用及び育成用細断ロールは，１戸を除く13戸に配送される。

次に，現在のTMRの給与方法については，給餌手段はミキサー２戸，自

表 2-13　下川フィードサービスの TMR 配送・給与方法

配送類型	番号	TMR の配送内容				現在の飼料給与内容						以前の飼料給与内容			①/②
		バラ配送	細断ロール（個）			給餌手段		給餌時間				給餌方法	給与時間②	サイレージ取出し	
			搾乳用	乾乳前育成	乾乳後期	搾乳牛 TMR	細断ロール	搬入給与	細断ロール給与	飼槽寄せ	計①				
ミキサー配送	1	14.7t		1 個	0.8 個	自走給餌車	一輪車	126	30	60	216	ミキサー			240%
	2	1.98t				ミキサー車			90		90	ミキサー	90		100%
バラ配送	3	3t		0.8 個	0.3 個	自走給餌車	フロントローダ・手	132	70	96	298	手押給餌車	?		
	6	2.5t		1.4 個		手押給餌車	自走給餌車	120	60	?	180	手押給餌車	?		
	7	2t		1 個		自走給餌車	フロントローダ・手	60	30	30	120	手押給餌車	180		67%
	8	4t		1.5 個	3 個	自走給餌車	フロントローダ・手	80	60	24	164	手作業	360		46%
	10	2.19t		0.5 個	0.2 個	手押給餌車	一輪車	90	30	30	150	手押給餌車	120		125%
	11	2.1t		0.33 個	0.14 個	一輪車	一輪車	150	?	60	210	一輪車	90		67%
	13	1.6t		1 個		自走給餌車	フロントローダ・手	140	30	60	230	フロントローダ・手	120		192%
	14	1.3t		0.5 個		一輪車	一輪車	240	60	12	312	一輪車	120	60	173%
細断ロール配送	4		2.7 個	1.5 個		手押給餌車	手押給餌車	38	22	20	80	（新規）			
	5		2.5 個	1.5 個		自走給餌車	自走給餌車	75	45	?	120	手作業	360	60	29%
	9		1.7 個	1 個		一輪車	一輪車	76	44	12	132	一輪車	260	180	30%
	12		1.5 個	1 個		一輪車	手押給餌車	84	56	25	165	一輪車	360		46%

資料：表 2-11 と同じ。

走給餌車５戸，手押給餌車３戸，一輪車４戸であり，そのため機械給与７戸，手作業７戸である。一方，細断ロールの給与は，配送されている13戸中機械給与は２戸のみである。細断ロールの給与方法は，牛舎でカッターを用いて輪切りにし，フォークで崩して一輪車で給餌する方法と高低差を利用して高所から細断ロールを切り崩して低所にある給餌車に落とす方法が取られている。

また，TMRの場合，飼槽に給与された後も，牛が飼槽周辺に散らかすため，それらを寄せる作業が必要となる。これらの時間を合計したのが表中の計①であり，２～５時間と幅がある。これを，すべて手作業であった以前②と比較すると，給与時間が把握できた９戸において，６戸が大幅に作業時間を減らす一方，３戸は増加している。減少理由は，TMRになったことで給与回数が減ったこと，自走給餌車により省力化が図られたこと等による。一方，増加要因としては，細断ロール給与が新たに加わったものの，ロールの切り崩しや給餌を手作業で行なうこと，餌槽寄せなどの作業が増加したことなどが要因である。

４）経営構造の変化

これら酪農家の経営構造が農場TMRセンターの設立によってどのように変化したか，みてみる。**図2-10**は，構成員全員の経産牛１頭当たり平均乳量の推移を見たものである。05年には8,383kgであったものが09年には9,946kgへとわずか４年間で19％も伸びている。しかし，その後は9,500～9,700kg台で停滞している。こうした個体乳量の伸びの要因は，配合飼料の比率が高くなった高栄養のTMRにある。また，停滞した要因は，乳牛の疾病が増加したためである。

乳牛の疾病の動向は，乳検事業（経産牛の泌乳能力の検定や乳質の検査を行う）における除籍頭数が一つの指標となる。下川FS参加農家全体では，05年には331頭であったものが，06年には427頭に増加し，その後300頭弱で推移している。また，除籍平均年齢は，05年の3.12歳から09年には2.99歳へ

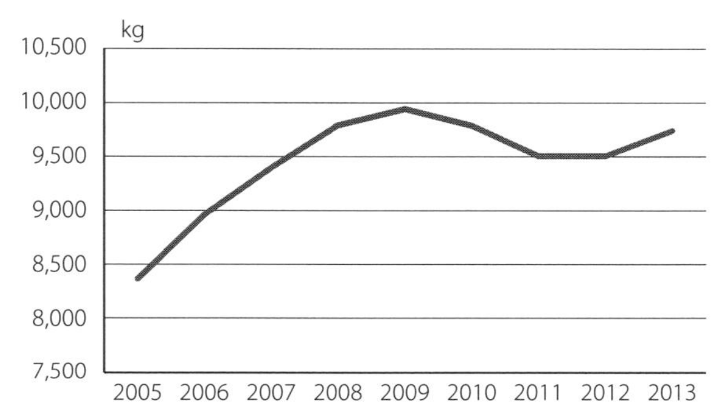

図2-10　下川FS構成員の平均個体乳量の推移

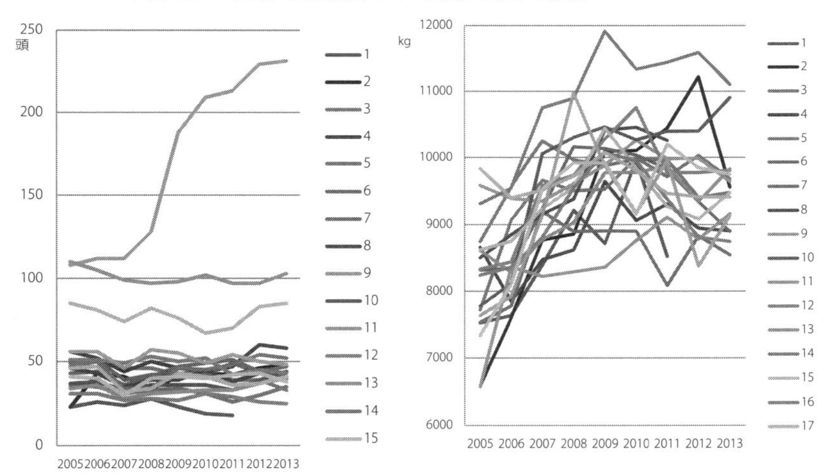

図2-11　下川FS構成員の経産牛頭数の推移

図2-12　下川FS構成員の経産牛個体乳量の推移

と低下し，牛の寿命が年々縮まっている。TMRによる個体乳量の急増は牛に負担をかけ，病気を増加させるとともに寿命を短くしたと言えよう。さらに，2006年から始まった牛乳の生産調整は，酪農家の増産意欲を喪失させ，個体乳量の停滞へとつながったと推察される。そこで，設立後の９年間の経産牛頭数の動きをみたものが**図2-11**であるが，１農家以外，18の農家で頭数規模拡大は見られない。一方，**図2-12**の個体乳量の変化を見ると**図2-10**

と同じように設立後，わずか４年間の間に全構成員が伸ばすものの，その後停滞傾向にある。ただし個々の農家レベルをみると，8,000kg台から11,000kg台と農家間に差がある。

以上のように下川FSの構成農家においては，個体乳量は大きく伸びるものの，頭数規模の変化は見られなかった。こうした動きの背景には，下川FS設立直後の2006年に生乳の生産調整が行われたこと，道内の多くの農場TMRCでの設計が個体乳量を増加させることに主眼が置かれ，個々の農家の規模拡大をはじめ経営構造の改善には寄与してこなかったことが背景にある[8)]。

第５節　農場TMRセンターにおける細断型ロールベーラ導入の意義

離農が進む道北の農業地帯における農場TMRCの果たしている役割は大きい。下川町では酪農家が離農した場合，農地の引き受け手は存在せず，そのままでは耕作放棄地になる可能性があったことから，下川FSは離農農地の引き受け手となり，農地保全の「最後の砦」になってきた。そのため下川FSの構成員および会社の借入面積は300haに上っており，下川町の畑面積3,375haの１割弱になっている。しかし，離農農地を引き受けたことで農地の余剰が生じ，土地利用率の低下と自給飼料の余剰が生じてきた。そこで，新たに登場した細断型ロールベーラの活用により，それらをバンカーサイロのサイレージを再調製して細断ロールで販売を行うことで余剰草への対応が可能になった。下川FSの事例は，北海道が直面する自給飼料生産の実態を反映すると同時に農場TMRが抱える課題を集約した代表事例である。

北海道における自給飼料生産において，細断型ロールベーラの導入意義を整理すると次のようになる。第一に，耕作放棄防止のための農地を活用した自給飼料生産物の調製により，商品として販売することが可能になった。第二に細断ロールの製造は，コントラクターや農家グループの新たな収益部門となるとともに，調製時期が農繁期と競合しないことから雇用者の就業の場の拡大に繋がっていることである。第三に，農場TMRCにおけるTMR製造の補助的役割を果たしている。発酵TMRとしての細断ロールは，長期保存が可能であることから輸送回数の節減，吹雪などの緊急事態への対応，農家の乾乳用，育成用TMRの少量利用への対応など効果は大きい。

以上のように，細断型ロールベーラは，自給飼料の生産，調製，流通，給餌作業など様々な面で変革を起こしており，自給飼料の有効活用を通して飼料自給率向上の手段になっている。

注

１）前川（1995）は，根室地域では昭和40年代に入り，それまでの人畜力作業体系から機械化が急速に進んでいったことを分析した。
２）2012年と2013年の２年間において，独立行政法人農畜産業振興機構の委託で行なった道内研究者によるコントラクター10組織と農場TMRセンター14組織の共同調査事業。荒木（2014）参照。
３）北海道十勝地域で多くのコントラクターが登場した。荒木（1994）参照。
４）標茶町営農サポートセンターではコントラター事業と酪農ヘルパー事業の二つを行っている。荒木（2014）参照。
５）愛知県半田市では，酪農支援組織が整備され，そのなかでも飼料共同配合所（TMRセンター）は全国に先駆けて設立された。荒木（1994）参照。
６）荒木（2005）は農場TMRCが組織の隣接農地を所有している農家を新たにメンバーに受け入れて巨大な農場を形成する姿を調査している。
７）下川フィードサービスが稼働（2005年）した直後に，荒木（2008）は，全農家を対象にアンケート調査を2007年に実施した。また，荒木（2014）は，下川FSの組織調査は，2013年に行った。参加農家の経営調査について2015年に行った。森本他（2015）参照。
８）農場TMRCの設立の際にはセンターそのものには補助金が付くものの，個別農家には補助金が付かないため，個別経営の構造変化が農場TMRC設立に対応していないことを荒木（2015）は指摘している。

引用・参考文献

[１]前川奨「根室地域における草地型酪農技術の変遷」『昭和農業技術発達史・畜産編／蚕糸編』農文協，1995，pp.381-389
[２]荒木和秋『北海道におけるコントラクターおよびTMRセンターに関する共同

調査報告書』（独）農畜産業振興機構，2014年
［3］荒木和秋「日本酪農の生産構造と類型区分」堀内・荒木監修，酪農学園大学EXセンター，1994年，pp.43-49
［4］荒木和秋『農場制型TMRセンターによる営農システムの革新』「日本の農業」233，農政調査委員会，2005年，pp.5-15
［5］荒木和秋「限界地の農地管理を担う農場制型TMRセンター」『粗飼料の生産・利用体制の構築のための調査研究事業報告書』（財）農政調査委員会，2008年，pp.86-101
［6］荒木和秋「TMRセンター・コントラクター経営の発展方策」『北海道におけるコントラクターおよびTMRセンターに関する共同調査報告書』（独）農畜産業振興機構，2014年，pp.165-172
［7］森本将平他「下川町における農場TMRセンターの展開と課題」『北海道農業経営調査第28号』酪農学園大学・酪農経営学研究室，2015年
［8］荒木和秋「円安が酪農経営に与える影響と背景」『農業と経済』昭和堂，2015年，pp.42-45

（荒木　和秋）

第2章　補論

細断型ロールベーラを導入した農外産業のニュービジネス

第1節　はじめに

細断型ロールベーラの登場は，新たなビジネスを生み出している。北海道において公共事業が少なくなる中，地方の土建業は事業受注量の減少により経営が困難になるところも出てきている。一方で農業サイドにおいては，農家数の減少が耕作放棄地を生み出している。そこで，両者を結び付ける新しい事業が生まれている。すなわち耕作放棄予備軍の農地を活用してとうもろこし栽培を行い，収穫物を細断型ロールベーラで調製して製品化し，販売する事業が登場している。そこでの新事業の評価と流通の実態について紹介する。

第2節　北海道における細断型ロールベーラを活用した事業展開

細断型ロールベーラは購入費が1千2百万円を超えることから個人の導入は負担が重いことから，主に自給飼料生産組織が導入している。**表補-1**に示すように，第一はとうもろこしサイレージ（デントコーンサイレージ）を栽培，収穫，調製して販売する新たな事業が登場したことである。その生産主体には，非農業から参入した会社，個人のコントラクターがあり，また，農協営コントラクターも新たな事業として始めている。第二は，農場TMRセンター（以下農場TMRC）が余剰の自給飼料を販売するケースである。この場合，販売する商品は，グラスサイレージ，とうもろこしサイレージ，発

表補-1　飼料生産組織および飼料会社の調製および製造飼料

飼料名	新規参入会社	コントラクター	農場 TMR センター	飼料会社
グラスサイレージ		○	○	
とうもろこしサイレージ	○	○	○	
TMR			○	○

酵TMRである。また，第三に飼料会社が農家からの注文を受けて，発酵TMRを製造するケースであるが，数は少ない。そこで，これらの中から非農家組織の代表事例を取り上げる[1)]。

第3節　細断型ロールベーラを活用した建設会社のニュービジネス

天塩町は北海道留萌振興局の最北部にある人口3,241人（2016年）の町である。かつて1955年には１万人を数えたものの減少に歯止めがかかっていない。業種別就業者では，多い順にサービス業，農業，建設業である。2015年の農家戸数127戸のうち酪農家戸数は103戸である。乳牛頭数は9,206頭で，2000年の13,129頭の70％の水準に落ち込んでいる。8,571haある農地のうち，牧草専用地は8,294haで97％を占める。

天塩町で建設会社を経営するコーンフィードサービス社（以下CFS社）は，**表補-2**に見るように，2004年に離農農家および搾乳を中止した酪農家と一緒に農業生産法人を設立し，05年からとうもろこし栽培を開始し，登場したばかりの定置型の中型細断型ロールベーラを使ってロールサイレージの販売を始めた。

しかし，１ロールのサイズが直径85cm，長さ１m，重さ300kgと農家が調製しているロールグラスサイレージよりも小さかったため，ロールを挟むグリッパーのサイズが合わなかったことから売れ残り，翌年の06年は生産を中止した。しかし，07年に新たに大型の細断型ロールベーラが販売され，１ロールのサイズも直径120cm，長さ１m，重さ720kgとなったことから農家の評価は高まり調製した420個は完売した。

表補-2　コーンフィード・サービスの事業展開

年度	調製個数	活動内容
2004	―	農業生産法人設立
2005	300kg×400 個	７ha 借地で試験調製 中型定置型梱包機を使用 ロール梱包機とラップ機は別々
2006	―	製造中止・アンケート調査実施
2007	720kg×420 個	国土交通省モデル事業に採択 アンケート調査実施 大型細断型梱包被覆機の開発機を導入 ８ha の借地で調製。１ロール 720kg 直接ロール梱包：凍結と害獣被害
2008	1,171 t	30ha の借地でコーン栽培，調製 鋼鉄製バンカーサイロを建設し，コーンの１次貯蔵 春先に圧縮ロール製造
2009	1,338 個・1,205 t	
2010	1,380 個・1,180 t	
2011	1,250 個	移動 TMR 実証実験

注：聞き取りおよびコーンフィード・サービス社資料より。

しかし，新たな規格で，直接圃場において調製した細断コーンロールサイレージ（以下細断RSに略）は，直接ロール梱包被覆を行ったため，いくつかの問題点が出てきた。第一に個々のロールで品質のバラツキが出てきたこと，第二に細断RSの水分が70％以上あったため冬期に凍結したものが，春に解凍することで廃汁が出てきたこと，第三に被覆ラップが害獣の被害にあったこと，等である。そこで，08年からは一旦バンカーサイロに貯蔵し越冬させ，春先に取り出してロール製造を行うことで，以上の課題が軽減された。また，引き受け手のない離農跡地を農協組合長からの依頼で引き受け，一気に30haまで拡大したが，調製した細断RSは全て完売している。

第４節　地域産業と連携した細断ロールサイレージ生産

CFS社による細断RSの生産および販売体系を示したのが**図補-1**である。細断RSの生産には，地元建設会社のY組，YM産業，農業専門建設会社のM産業および天塩町農協のコントラクターが連携している。また，製品の販売

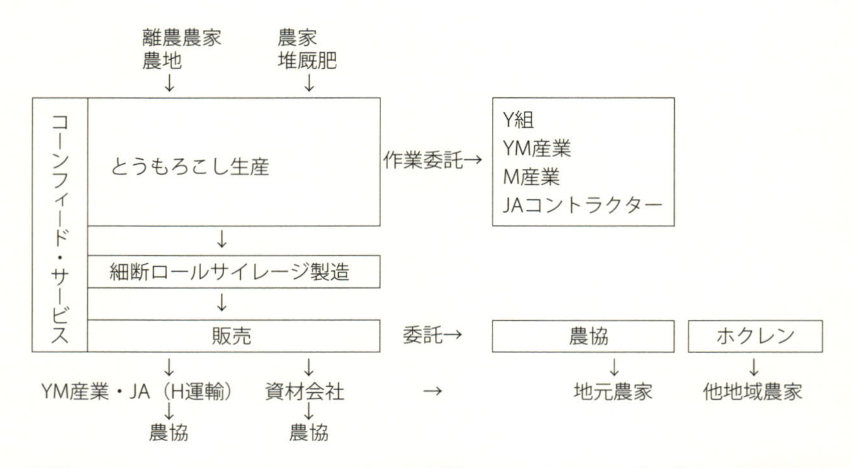

図補-1　コーンフィード・サービスの細断ロールサイレージの生産，販売体制

表補-3　細断ロールサイレージの生産工程

月	作業名	担当	労働力（人）		使用機械	資材
			運転	補助		
5	堆肥散布	M産業（散布） Y産業（運搬）	3 1		バックホー（L）1台，Mスプレダー2台 ダンプ2台	農家の余剰堆肥
	耕起	コーンフィード・サービス	5		プラウ1台，ロータリー3台，ディスクファロー1台	
	施肥・播種	Y組	2	2	真空式播種機（L），ユニック車（L）	化学肥料，種子
6	除草剤散布	Y産業	2	2	散布車1台，ユニック車（L）	除草剤
10	収穫・調製	農協コントラクター	4	5	ハーベスター1台，専用マニュアスプレッダー1台 タイヤショベル2台	ビニールシート
3	細断ロール製造	コーンフィート・サービス	3	3	細断型梱包被覆機，タイヤショベル2台	フィルム，ネット

資料：コーンフィード・サービス社資料より，（L）はリース

は天塩町農協に委託している。各作業工程における分担会社，労働力，使用機械および資材についてみたのが**表補-3**である。CFS社自身が行うのは耕起および細断RS製造のみで，他の作業は外部に委託している。まず，堆肥散布では運搬をYM産業が，散布をM産業が行う。施肥・播種は，Y組が行い，除草剤散布はYM産業が行う。そしてとうもろこしの収穫，調製は農協コン

トラクターが行う。天塩町では泥炭が多く土地が柔軟であるため，運搬にはダンプを使用せず，ホイール型トラクターで牽引したマニュアスプレッダーで運搬し，バンカーサイロに投入している。それぞれの作業工程では専用機が用いられるものの，すべてが各会社の所有ではなく，リースした機械も使われている。

従って，CFS社による細断RS生産は，複数の会社に作業委託することで機械投資を抑え，身軽な態勢で行われている。資本投下を抑える工夫はバンカーサイロにも見られる。バンカーサイロの床部分，および側板に工事用鉄板（1.5m×６m×1.8cm）をリース使用しているため，74枚，74万円のリース料と建設費100万円の計174万円で建設していることである。同規模（W12m×L36m×H３m）のバンカーサイロをコンクリートで建設すると施工費用は３千万円近くすることから，極めて低コストの建設で，建設会社ならではのアイデアが活かされている。サイロ幅が12mと広いため「重機によってサイロの端々まで踏圧が行き届きカビの発生も見られない」とのことである。

第５節　細断型ロールサイレージの販売と経営収支

細断RSの販売は基本的には生産年度の次年度に行われる。生産年度内に一部販売されるが，本格的な販売は４月以降で，ほぼ年間を通して販売される。これは，バンカーサイロに貯蔵したコーンサイレージを，４月下旬（泉源地区）と９月上旬（雄信内地区）に分けて梱包被覆して細断RS調製を行うためである。泉源地区では，アライグマの被害が多いため４月下旬の調製が行われる。雄信内地区は乳酸菌を添加し，踏圧を徹底しているため品質の劣化は起きていない。販売価格はkg当たり15円で，ロール製造の際に重量を計測し販売価格を決めている。販売方法は，これまでの利用農家への直接販売と**表補-4**に見るように天塩町農協を通した委託販売がある。特に09年度においてはホクレンを通して釧路地域の鶴居村に多く販売されている。町内の直接販売は通年で購入してくれる農家であり，年度初めに契約が行われ

表補-4　細断ロールサイレージの年度別販売先

販売ルート	地区	年度		
		2008	2009	2010
JAてしお経由	天塩町	748	516	618
	幌延町	50		
	遠別町	40	100	199
	稚内市	52	20	
	浜頓別町	4		
	本別町		48	
	比布町		30	
ホクレン経由	標茶町		20	
	鶴居村		459	
	他			
商系	豊富町		41	121
被災地支援				50
計		894	1,234	988

資料：コーンフィード・サービス社資料より。

表補-5　細断ロールサイレージの生産コスト

（千円，ha当たり）

	材料費	施工費	減価償却費	外注費	他	小計
播種	30	13				43
施肥	70			57		127
耕起				33		33
雑草処理	18	7.5				25.5
収穫		6.5		52.5		59
ロール製造	60	9.6	130.7			200.3
調製	6		23			29
仮設					10	10
他		10			15	25
計	184	46.6	153.7	142.5		551.8

資料：コーンフィード・サービス社資料より。

ている。08年度から４年間販売された細断RSについては，クレームは１件もなかったことから品質の良さを裏付けている。

細断RSの製造原価（ha当たり）は**表補-5**にみるように55万1,800円，これに農協の販売手数料25,200円，CFS社の販売管理費など17万円を加えると72万円となる。単収を48t（水分67～68％）とするとkg当たり販売単価は15円となる。また，１ロールの重さは約720kgであるから，価格は10,800円である。

CFS社の収支決算（2009，2010年度）は，両年の売上高約2,200万円に対し売上原価は09年1,300万円から10年1,760万円と年次によって差が大きい。これは細断RSの販売が年度をまたがるため，年度末の在庫が大きく影響するためである。そのため，経常利益，当期利益にも影響してくるものの，これまで当期利益は09年446万円，10年12万円と黒字になっている。

CFS社の取り組みは，公共事業が縮小する中にあって耕作放棄が予想される農地を借り受け，建設業の得意とする重機をフルに活用して高品質のコーンサイレージを生産し，販売していることである。地域農業のニュービジネスと言えよう。

注

１）この補論は，荒木（2012）が2012年５月に調査したもので，その後2014年12月に追加調査を行った。

引用・参考文献

［１］荒木和秋「建設会社によるコーンラップサイレージの生産」『酪農ジャーナル』酪農学園大学EXセンター，2012年，pp.52-54

（荒木　和秋）

第3章

北海道における牧草サイレージの流通増加要因と商品化構造[1)]

—北海道北部のTMRセンターを事例として—

第1節　本章の課題

日本の畜産経営は,「加工型畜産」と称されるように，配合飼料など主として外部調達される濃厚飼料に依存する一方で，特に北海道の酪農経営では,乾草や各種サイレージといった粗飼料の自給的生産が行われてきた。従来,粗飼料の中でも乾草は自給的生産にとどまらず，一定規模の市場が形成され,広域流通が展開してきた。さらに，近年では，乾草に加え，これまでは自給飼料と位置づけられてきた牧草サイレージやデントコーンサイレージの広域流通が進展しつつある（荒木・井上ら（2013))。

2007年以降の飼料高騰は輸入飼料依存の国内畜産の脆弱性を示したが，国は，自給飼料の活用拡大や飼料自給率向上に向けた施策を実施しており，特に国産粗飼料の広域流通を支援する内容も含まれている[2)]。

国産粗飼料の流通に関しては多くの既存研究が存在する。例えば，木宮(1983）は稲作農家を対象に粗飼料（青刈稲と牧草）の生産・流通，飼料作経営の課題を分析した。伊藤・藤森ら（2014）は，イネ・ホールクロップサイレージ（WCS）を対象に，耕種農家と畜産農家を媒介する流通組織の果たす機能を解明した。これらの研究における粗飼料生産は，外部販売を目的とする商品生産としてなされている。しかしながら，近年，流通の増加している牧草サイレージなどは外部販売を目的として製造されているとは必ずしも言えない。すなわち，本来的には自給飼料として製造された生産物の一部が商品として流通している。牧草サイレージは，その点で，最初から商品として生産されている飼料イネといった粗飼料とは異なる商品化構造を有すると思われる[3)]。

本章の課題は，北海道で牧草サイレージ流通が増加している要因と，自給飼料として生産されている牧草サイレージが販売飼料へと転換する構造，すなわち商品化構造を明らかにすることである。牧草サイレージを分析対象とするのは，牧草の利用形態の大半をサイレージが占め，なおかつ乾草とは異なって大部分の牧草サイレージは自給目的で生産されているためである。分析対象地域は，牧草サイレージの主産地である北海道とする。

以上の課題に接近するため，まず，牧草サイレージの物性を流通形態別に分析する。次に，牧草サイレージの流通量が近年において増加している要因を述べる。続いて，牧草サイレージの外部販売を行っている北海道北部のTMRセンター（飼料共同生産組織）の事例分析を通じて，牧草サイレージの商品化構造を明らかにする。

第2節　牧草サイレージの流通形態別物性

1）牧草サイレージの物性

2013年に北海道では，全国の73.8％を占める約1,730万ｔの牧草が生産された（「作物統計」）。北海道で生産された牧草のうち72.2％がサイレージとして利用され，大半を占めている。残りは乾草22.8％，放牧など5.0％である（北海道農政部資料）。

サイレージとは，比較的高水分である牧草や青刈作物などを原料とする，微生物発酵で貯蔵性を高めた飼料である。サイレージの製造目的は，収穫時期が限定された飼料作物を周年で利用できるようにするためである。サイレージ化によって，微生物による飼料の腐敗や品質劣化を防ぎ，家畜に給与可能な状態を維持できる。

サイレージ製造は，サイロと呼ばれる容器で原料作物を密封して外気から遮断して，乳酸菌による嫌気性発酵を促す方法で行われる。サイロには，タワーなどの垂直型サイロ，バンカーやスタックなどの水平型サイロ，ロールベールを薄い気密性のあるフィルムで被覆したラップサイロといった可搬式サイロといった種類がある[4)]。

発酵終了後のサイレージはサイロ内で貯蔵しておけば，長期保存が可能である。ただし，サイレージをサイロから取り出して空気に触れると好気的変敗が生じ，数日間で品質低下（栄養分の損失）が起きるため，サイロ外での保存性は低い[5)]。

2）牧草サイレージの流通形態別物性

（1）牧草サイレージの流通形態

現在，流通している牧草サイレージは，大きくは以下の３つの流通形態に区分できる[6)]。

第１に，バラ型である。水平型サイロなどで発酵済の牧草サイレージをサイロから取り出し，無梱包で流通させる形態である。ダンプカーなどで輸送される。

第２に，ロール型である。牧草を刈り倒して圃場で乾燥させ，ロールベーラ・ベールラッパを用いて圃場で直接梱包・密封して製造されるサイレージで，一般的にロールベールサイレージと呼ばれている。円筒形のロール形状であり，流通しているのは直径1.0～1.6m，高さ1.0～1.2m，１ロールあたり重量350～900kg程度が多い。水分含有量は重量あたり50～60％である。トレーラーなどに積載して輸送される。

第３に，圧縮梱包ロール型である。水平型サイロなどで発酵済の牧草サイレージを，細断型ロールベーラを使って高密度で圧縮梱包したロールである。ロール型と同じロール形状で，直径・高さともに1.0～1.2m，１ロールあたり重量は600kg～１ｔ程度のものが多い。水分含有量は重量あたり70％以上で，ロール型より重い。ロール型と同じく，トレーラーなどに積載して輸送される。細断した牧草をそのまま細断型ロールベーラで梱包するより，バンカーサイロなどで調製済のサイレージを梱包した方が，品質が安定すると言われている。

（2）流通形態別の特性比較

表3-1に，牧草サイレージの流通形態別の特性を示した。

まず，輸送・受入のしやすさである。バラ型の場合，好気的変敗がすぐに生じて使用可能期間が短いため，輸送可能距離は短く，多頻度配送が求められる。また，受入側の畜産農家にはサイレージを置いておく設備・容器が必要である。一方，ロール型と圧縮梱包ロール型の場合は，ラッピングされたロール形状と使用可能期間の長さによって，トレーラーなどに積載して大量・長距離輸送が可能である。また，野外で保管しても大きな問題はないので，受入は容易である。よって，バラ型と比較して，後者2形態の方が輸送・受入は容易と言える。

次に，保存性である。既述のように，バラ型の使用可能期間は数日間と，保存性は低い。ロール型の良好な状態で使用できる期間が6か月程度[7]であるのに対し，圧縮梱包ロール型は1年以上[8]と，保存性がより高い。

バラ型と圧縮梱包ロール型は，販売前（圧縮梱包ロール型の場合は，サイロから取り出した発酵済サイレージを圧縮梱包する前）に発酵品質の分析を行い，ラベル表示などで発酵品質をはじめとする飼料成分を購入者に提示することも可能である。それに対して，ロール型の場合，ロールベールサイレージはロールごとの品質格差が大きいうえに，実際に開封する以外に発酵品

表3-1　牧草サイレージの流通形態別の特性比較

流通形態	輸送・受入のしやすさ	保存性	販売前の発酵品質の確認
バラ型	容易ではない（バラ）	低（数日間）	可
ロール型	容易（ロール形状）	中（6か月程度）	ロールごとの品質格差大，梱包後に発酵するため開封しないと確認不可
圧縮梱包ロール型	容易（ロール形状）	高（1年以上）	発酵済サイレージを梱包するため，梱包前に確認可

資料：安宅（2012），馬場・太田ら（1997），中村・大槻ら（2006），日本草地畜産種子協会（2013）より作成。

質を確認する方法がない[9]。しかし，開封してしまうと好気的変敗が始まってしまうため，ラベルなどによる品質提示は実質的には困難である。開封すると変敗が始まってしまうのは圧縮梱包ロール型も同様であるが，圧縮梱包ロール型は別のサイロで発酵済のサイレージを梱包するため，開封せずとも梱包前に発酵品質を確認できる点が，ロール型と大きく異なる（ロール型は梱包後に発酵する）。

以上より，３形態のうち，圧縮梱包ロール型は，輸送・受入がしやすく，高い保存性を有し，品質を販売前に確認できることから，外部販売および広域流通に最も適した特性をもつと思われる。

第３節　牧草サイレージ流通の増加要因

１）牧草サイレージ流通の増加と広域化

近年，北海道では牧草の作付面積，生産量ともに減少傾向にある。2005年から2013年の期間でみると，作付面積で約２万ha，作況による変動はあるものの生産量で200万ｔ程度，減少している（「作物統計」）。生乳１ｔを生産するために生産された牧草の生産量（牧草生産量/生乳生産量，「牛乳乳製品統計」）は，同期間で約５ｔから約4.5ｔまで１割程度低下し，生乳生産における北海道産牧草の比重が低下してきている。

図3-1は北海道における牧草流通量の推移である。従来，流通している牧草の大部分は乾草であったが，2008年から2009年にかけて牧草サイレージの流通量が大きく増加した。この流通量の数値は道内の農協や改良普及センターからの聞き取りにもとづく積み上げ[10]であって，とりわけ飼料会社の取扱分が含まれていない。その点で正確さを欠くが，飼料会社へのヒアリングと合わせて考えると，以前と比較してこの期間に牧草サイレージの流通量が大幅に拡大したと言える。前節で検討した流通形態別の特性，ならびに飼料会社へのヒアリングによれば，圧縮梱包ロール型の牧草サイレージの流通量が特に増加したと考えられる。

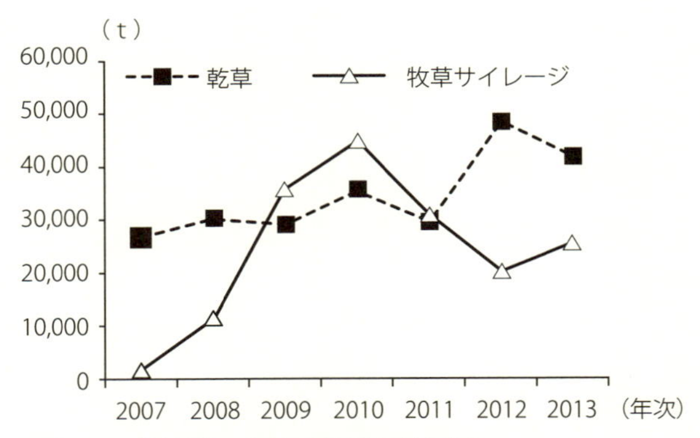

図3-1　北海道における牧草の流通量

資料：北海道農政部生産振興局畜産振興課資料より作成。
注：この流通量の数値は道内の農協や改良普及センターからの聞き取りにもとづく積み上げであって，飼料会社の取扱分が含まれていないため，数値の解釈には留意が必要である。

図3-2に，飼料販売会社X（本社所在地：釧路町）における圧縮梱包ロール型牧草サイレージの購入・販売地域を地域別比率で示した。道北の宗谷，道東の釧路・根室地域で仕入れて，道東の十勝・釧路地域を中心に販売していることがわかる。主要な購入地域と販売地域との大まかな直線距離は150～300kmであり，牧草サイレージの広域流通が展開していると言える。

2）牧草サイレージ流通の増加要因

北海道で牧草サイレージ流通が増加した要因としては，以下の４点が指摘できる。

（1）細断型ロールベーラの普及

第１に，圧縮梱包ロール型牧草サイレージを製造できる細断型ロールベーラが，北海道内で普及してきた点である。細断型ロールベーラは，2000年に日本国内で自給飼料梱包用機械として開発され，2006年から国内市場向け量産タイプの販売が開始された[11)]。

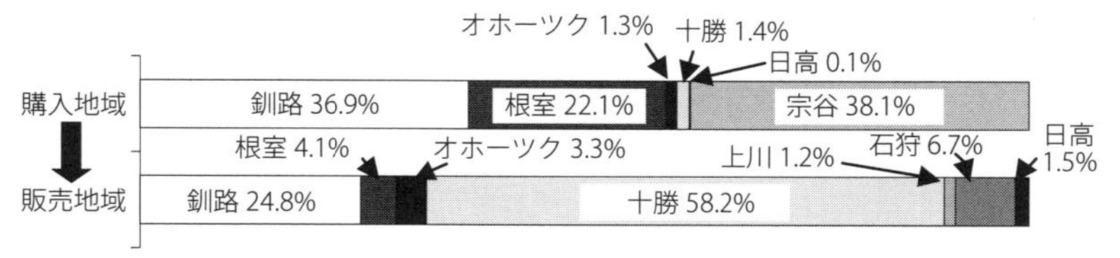

図3-2　飼料販売会社Xにおける圧縮梱包ロール型牧草サイレージの購入・販売地域

資料：飼料販売会社X（本社所在地：釧路町）資料より作成。
注：１）ロール数ベース。
　　２）2010~2012年の３年間の平均年間販売数5,790ロールをもとに作成。

北海道における細断型ロールベーラの利用台数の推移をみると[12)]，2006年度は利用がほとんどなかったが，2007年度には10台半ば，2008年度には30台後半，2009年度には50台前半と急増し，2012年度現在では70台後半となっている。これらの推移と前掲の**図3-1**とを比較すると，細断型ロールベーラの利用が拡大した時期と，牧草サイレージの流通量が増加した時期とが一致しており，因果関係があると思われる。

（２）TMRセンター・コントラクターの増加

第２に，TMRセンターとコントラクターが増加してきた点である。TMRセンターは構成員である酪農家の草地の共同管理を通じて混合飼料（TMR）の共同製造・配送を行う事業体，コントラクターは農産物の収穫・調製といった農作業を農家から受託して行う事業体である。農村地帯における労働力不足を背景として，近年増加傾向にある。

北海道で細断型ロールベーラを導入しているのは，主としてTMRセンターとコントラクターである[13)]。この理由は，機械が高価であること，機械運用には２～３名程度の労働力が必要であり，家族経営農家と比較して，これら事業体は導入しやすい経営環境にあると言える。

農畜産業振興機構（2014）によると，2013年現在で，北海道のTMRセンターの41.3％（29事例中12）で細断型ロールベーラがTMR製造や外部販売目的で使用され，同・55.2％（29事例中16）で圧縮梱包ロール型牧草サイレージの販売を行なっている[14]。この事実は，TMRセンターにおける外部販売できる余剰牧草の存在を示唆する。

細断型ロールベーラの利用台数と同様に，北海道におけるTMRセンター数も2000年代後半はほぼ倍増と急増した期間[15]にあたり，牧草サイレージ流通量の増加時期と符合する。

（3）牧草需給の地域差の存在

第3に，北海道内の地域間で牧草の需給状況に差異が存在する点である。北海道の行政区14地域のうち，道内の生乳生産量で8割近くを占める十勝・釧路・根室・網走の4地域（いずれも道東地域）を「主産地」，それら以外の10地域を「非主産地」とすると，主産地における牧草の相対的な不足，非主産地における牧草の相対的な過剰が示唆され，非主産地から主産地へと牧草流通を促す市場条件があると思われる。

2005年と2010年の農林業センサスデータを用いて，北海道における乳用牛飼養戸数1戸あたり乳用牛飼養頭数[16]の推移を比較すると，主産地は105.6頭/戸→128.5頭/戸で21.8％増加，非主産地は77.8頭/戸→83.5頭/戸で7.3％増加となっている。主産地と非主産地とでは，1戸あたり規模で約1.5倍の格差があるのに加え，規模拡大のテンポも主産地の方がより大きく，両地域間の規模格差はこの5年間で拡大している。

図3-3に，道内13地域[17]における乳用牛飼養頭数（横軸）と乳用牛1頭あたり牧草専用地（以下，単に「草地」とする）面積（縦軸）を示した。これによれば，主産地である十勝・釧路・根室・網走の乳用牛飼養頭数は増加したものの，1頭あたり草地面積は全地域で低下した（右下方シフト）。図示していないが，草地面積は主産地の全てで減少している。特に，最大産地である十勝では飼養頭数増加率が13.6％と道内で最も高い一方で，草地面積減少率は－15.8％と二番目に高い。2010年の1頭あたり草地面積は十勝・網走でそれぞれ0.31ha/頭，0.39ha/頭であり，同値の北海道平均である0.52ha/頭を下回る水準となっている。それに対して，非主産地で飼養頭数の大きい

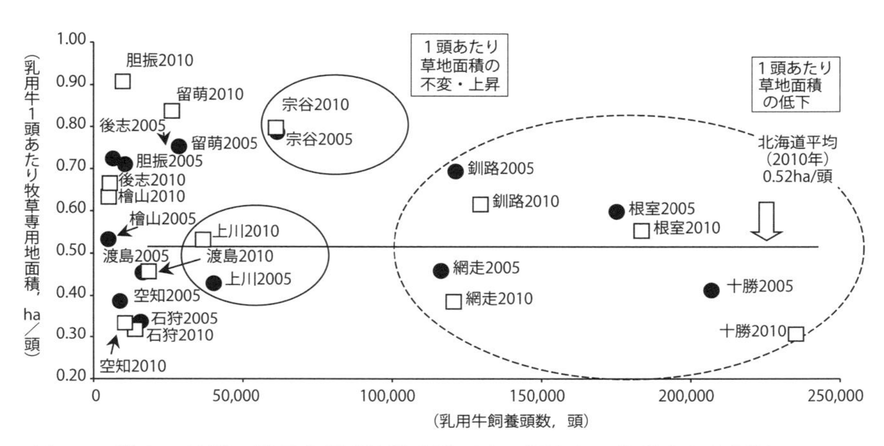

図3-3　道内13地域の乳用牛飼養頭数と乳用牛１頭あたり牧草専用地面積

資料：「2005年農林業センサス」，「2010年世界農林業センサス」より作成。
注：日高地域は除外している。

上川・宗谷では，飼養頭数は微減ないし横ばい，１頭あたり草地面積は上昇ないし不変で，主産地とは様相が異なる。特に，宗谷の１頭あたり草地面積は，主産地と比較して大きい。2010年の同値は0.84ha/頭であり，宗谷では主産地と比べて牧草需給が相対的に緩和している状況にあると思われる。

「畜産物生産費統計」より，北海道における搾乳牛通年換算１頭あたり飼料使用数量について2005年と2010年の数値を検討する。「全階層平均」と「100頭以上」層とでは，「100頭以上」層の方が１戸あたり飼養頭数規模の大きい主産地の傾向をより反映していると判断し，以下では「100頭以上」層の数値を見る。まず，外部購入される牧草サイレージに該当する「購入飼料」の「サイレージ・いね科」の使用数量は30.4kgから221.1kgへ約７倍も増加している。また，「自給飼料」の「デントコーン・サイレージ」は1,590.9kgから2,017.4kgへ26.8％の増加である。このデントコーンサイレージの使用増加は，この間の配合飼料高騰を受けたデントコーンの自給生産拡大によるものと思われる。実際に，北海道の飼料用「青刈りとうもろこし」（デントコーン）の作付面積は2005年と2010年に，それぞれ３万5,600haと４万6,700haであり，

１万1,100ha，27.9％増加した（「作物統計」）。一方で，自給飼料の牧草サイレージである「サイレージ・まぜまき・いね科主」の使用数量は１万kgを超えていたが，26.8％減の7,854.3kgとなった。酪農家は，草地をデントコーン畑に転換してデントコーンの作付面積を拡大する場合が多い。つまり，デントコーンの自給生産拡大によって，草地面積の減少と牧草サイレージの供給減少が生じ，その減少分を補うために外部購入の牧草サイレージが増えたと推測される。

（４）輸入飼料価格の高騰

第４として、2007年から2008年にかけての輸入飼料、特に輸入粗飼料価格の高騰である。乾牧草やヘイキューブの輸入価格（CIF価格）は、従来、価格上昇時でも３万円/ｔ水準で推移してきたが、2008年度にかけて、乾牧草は３万5,000円/ｔ、ヘイキューブは４万円/ｔの水準まで高騰した。

これによって、粗飼料の内外価格差が縮小し、高騰した輸入粗飼料の代替品として、牧草サイレージといった国産粗飼料の需要が増大したと思われる。北海道内での流通増加以外に、北海道内のTMRセンターから本州の畜産農家へ圧縮梱包ロール型牧草サイレージを販売するという事例も見られている。

第４節　牧草サイレージの商品化構造
—北海道北部のTMRセンターを対象として—

１）分析対象とする事例

本節では，圧縮梱包ロール型牧草サイレージを外部販売しているTMRセンターを事例に，本来は自給的に利用されている牧草が商品へと転化する構造を分析する。ここでは，**図3-3**でみたように，主産地と比較して相対的に牧草需給が緩和していると推測される宗谷・上川地域で稼働している３つのTMRセンターを取り上げる。

事例とするTMRセンターＡ･Ｂ･Ｃの概要を**表3-2**に示した。Ａは宗谷地域･

表 3-2　事例とした TMR センターの概要

名称		TMR センターA	TMR センターB	TMR センターC
所在地		宗谷・浜頓別町	宗谷・幌延町	上川・下川町
センター設立年月		2006 年 12 月	2003 年 12 月	2004 年 10 月
TMR 供給戸数		17 戸	9 戸	17 戸
細断型ロールベーラ		所有せず（委託製造）	外販目的で所有（１台）	発酵 TMR 製造・外販目的で所有（２台）
TMR 供給経産牛頭数	2007	1,130 頭	650 頭	940 頭
	2014	1,500 頭	700 頭	1,050 頭
管理面積	2007	草地 1,280ha	草地 520ha, デントコーン 40ha	草地 960ha, デントコーン 270ha
	2014	草地 1,600ha, デントコーン 80ha	草地 640ha, デントコーン 120ha	草地 900ha, デントコーン 320ha
経産牛１頭あたり草地面積	2007	1.13ha/頭	0.80ha/頭	1.02ha/頭
	2014	1.07ha/頭	0.91ha/頭	0.86ha/頭
サイロ		バンカーサイロ 20 基（１基あたり 2,025m^3）	バンカーサイロ 18 基（１基あたり 1,080m^3）	バンカーサイロ 21 基（１基あたり 1,648m^3）

資料：各センター資料，ヒアリングより作成。
注：１）センターA は 2014 年３月現在，センターB は 2014 年７月，センターC は 2014 年 11 月現在の数値。
２）2007 年の数値は，センターB のみ 2006 年の数値。
３）数値の精度を調整するため，2007 年の数値は１の位で四捨五入した。

浜頓別町，Bは同じく幌延町，Cは上川地域・下川町に所在している。３事例はいずれも北海道北部地域で，また，道内では比較的早い時期に設立されたTMRセンターである。センターB・Cは細断型ロールベーラを所有しているが，センターAは所有していない。圧縮梱包ロール型の製造は，細断型ロールベーラを所有する飼料販売会社Xに委託している（後述）。事例センターにおける2014年の経産牛１頭あたり草地面積は，Aで1.07ha/頭，Bで0.91ha/頭，Cで0.86ha/頭である。センサスデータから2010年の経産牛１頭あたり草地面積の北海道平均値（推計）を求める[18]と，0.86ha/頭である。年次が異なるため，比較は慎重でなければならないが，あえて比較すると，Aは別として，BとCの値は北海道平均値と同水準である。つまり，経産牛１頭あたり草地面積を草地余剰度の指標と考えると，事例のBとCは，数値上は余分な草地を抱えていないように見える。しかし，後述のように実際にはかなりの量の牧草サイレージが外部販売されており，TMRセンターは牧草の利用ロスが少なく，草地利用効率が高いと思われる[19]。

2）各事例における牧草サイレージの商品化と外部販売

（1）TMRセンターA[20)]

センターAの所在地である宗谷地域・浜頓別町では，2005年から2010年にかけて，1戸あたり乳用牛飼養頭数は90.9頭/戸から136.7頭/戸へ規模拡大が進んでいる（センサスデータ）。

センターAのTMR供給戸数は17戸，経産牛頭数は1,500頭である（2014年3月現在。以下，同じ）。管理圃場面積は草地1,600ha，デントコーン80haで，近年デントコーン作付面積が拡大している。経産牛頭数と管理面積からすると道内でも大規模なTMRセンターである（**表3-2**参照）。

牧草サイレージの外部販売の背景には，離農したTMR供給酪農家の農地や，非センター構成員で離農した酪農家の農地の管理を引き受けてきたことがある。そういった草地は200haに達し，草地全体の1割強を占めている。センター構成員外の草地も含むため，収穫・調製される牧草サイレージはセンター内で消費しきれず，余剰が発生している[21)]。余剰量は例年，バンカーサイロ1基分（2,025m^3）程度である。2007年以降の生産資材高騰による酪農経営の悪化により，構成員の規模拡大を通じて余剰サイレージを活用することも困難であった。

センターAでは，6月から始まる一番草の収穫に備えてバンカーサイロを空けるため，春先にバンカーサイロ内のサイレージを圧縮梱包して販売する。センターAは細断型ロールベーラを持っていないため，細断型ロールベーラを所有する飼料販売会社Xに製造委託して圧縮梱包ロール型サイレージを製造して，X社が買い取り，販売先は十勝地域が中心である。2009年以降，センターAはほぼ毎年，X社へ3,000ｔ程度の圧縮梱包ロール型の牧草サイレージを販売している。X社によると，この取り組みが，圧縮梱包ロール型がまとまった量で流通した道内初の事例と言われている。

2009年から2年間は一番草の圧縮梱包ロール型を販売したが，それ以降は一番草より質の劣る二番草の販売が多い[22)]。販売価格は，サイレージ調製コストに見合う程度である。利幅は大きくないが，センター収入の増加とセンター所有のサイロ・機械の稼働率向上が可能であるため，販売を続けている。

（２）TMRセンターＢ

センターBの所在地である宗谷地域・幌延町では，2005年から2010年にかけて，１戸あたり乳用牛飼養頭数は100.0頭/戸から106.0頭/戸と，規模拡大の程度は大きくない（センサスデータ）。

センターBのTMR供給戸数は９戸，経産牛頭数は700頭である（2014年７月現在。以下，同じ）。管理圃場面積は草地640ha，デントコーン120haとなっている（**表3-2**参照）。センターAと同じく，近年はデントコーンの作付を拡大している。道内では中規模のセンターである。

センターBは、設立当初からバンカーサイロ体系を基本としつつも、補助手段としてロールベールサイロを用いてきた（天候の都合で調製時間があまり確保できない場合など)。そのため、従来から牧草の一部をロールベールサイレージであるロール型で販売していたが，2007年から外部販売目的での細断型ロールベーラの利用を開始し，圧縮梱包ロール型へ販売をシフトしつつある。ロール型から圧縮梱包ロール型への転換は，サイロの利用状況としてはロールベールサイロからバンカーサイロへ利用がさらに増加したことを意味する。一番草の利用状況（2014年現在）はバンカーサイロ400ha，ロールベールサイロ（ロール型）140ha，乾草100haである。この転換の理由は，バンカーサイロでのサイレージ調製コストがロールベールサイロより低いためである。具体的には，この間のビニール資材の高騰によってロール型（ロールベールサイレージ）の調製コストが高まり販売価格との比較で採算性が低下している，圃場で調製される個々のロール型を回収・運搬する作業負担が大きいといった点が挙げられる。

前述のように2014年の経産牛１頭あたり草地面積は大きいとは言えないものの，二番草の利用率は７割強で，全道平均の５割程度（日本草地畜産種子協会（2013)）と比較して高い。

センターBでは，デントコーン収穫前にバンカーサイロを空ける必要性から，例年9月頃に圧縮梱包ロール型を製造している。2007年以降，概ね年間300 tの圧縮梱包ロール型を販売しているものの，年ごとで販売量の変動は大きい。販売可能量が年によって変動するため固定的な取引先はなく，購入を打診された飼料会社と随時取引を行なっている。最終的な販売先は，オホーツク地域が多い。

販売しているのは，需要の多い一番草の圧縮梱包ロール型のみである。販売価格はサイレージ調製と圧縮梱包に要するコストと同程度の場合が多いが，それを上回る価格で販売できることもある。得られる利益は多くはないが，サイロ稼働率の向上やセンター収入の増加，サイレージ在庫の削減による節税対策のため，販売を行っている。

（3）TMRセンターC

センターCの所在地である上川地域・下川町では，2005年から2010年にかけて，1戸あたり乳用牛飼養頭数は70.6頭/戸から71.4頭/戸と，規模拡大は停滞している（センサスデータ）。

センターCのTMR供給戸数は17戸，経産牛頭数は1,050頭である（2014年11月現在。以下，同じ）。管理圃場面積は草地900ha，デントコーン320haで，道内では比較的規模の大きなセンターである（**表3-2**参照）。他の事例と同様に，近年はデントコーンの作付を拡大している。草地面積に対してデントコーン作付面積が多いと言える。

センターCは，2005年と2011年に1台ずつ細断型ロールベーラを導入し，2台体制である。TMRを梱包して発酵TMRを調製・配送する，ならびに牧草サイレージなどを外部販売する目的で，同機を導入した。TMR配送用途もあるため，細断型ロールベーラはほぼ毎日稼働している。

牧草サイレージの外部販売要因は以下の2点である。

第1に，離農した酪農家の農地の管理を引き受け，必要面積より多い草地を管理しているためである。こういった余剰草地は80ha程度に達している。

第２に，従来は外部販売される牧草の多くは乾草であったが，バンカーサイロによるサイレージ調製，そして圧縮梱包ロール型の販売へと転換が進んでいるためである。転換の理由は，乾草よりバンカーサイロ調製の方が必要とされる労働時間が短くて済むからで，バンカーサイロの増設も実施された。また，乾草の市場環境の悪化も背景にある。北海道で乾草の大口需要者であった肉牛肥育会社が2011年に経営破綻した結果，出回り量が増加（**図3-2**参照），乾草価格は下落したのである[23)]。

センターＣで乾草利用される草地は，最も多かった2006年・2007年は400haを超えていたが，次第に縮小し，2014年現在では，傾斜地で自走式ハーベスタ（バンカーサイロ用途）を使用できない草地200ha程度にとどまっている（ロールベールサイレージ利用も含む）。生産される乾草のうち半分以上が敷料として内部利用され，外部販売は多くはない。それに対して，バンカーサイロ調製の草地は200ha近く増加して，約700haとなっている。

センターＢと同じく，2014年の経産牛１頭あたり草地面積は大きくはないが，二番草の利用率は６割強で全道平均より高い。また，2007年の二番草の利用率が２割以下だったことを考えると，利用率は大きく上昇している。

センターＣは，2011年以降は概ね年間2,500ｔ～3,000ｔ程度の圧縮梱包ロール型牧草サイレージを販売している。販売先は，ホクレン経由で十勝地域の農協や，旭川の飼料会社（最終販売先は十勝地域など），上川地域の個人酪農家である。いずれも継続的な取引が多い。一般的に牧草の不足しがちな春先から初夏までの期間の販売が多くなっている。

一番草の圧縮梱包ロール型の販売が中心で，販売価格はサイレージ調製と圧縮梱包に要するコストと同程度の場合が多いが，それを上回る価格で販売できることもある。利幅は薄いが，センター収入やロールベーラ・サイロの稼働率の向上に寄与しているため，外部販売を継続している。

3）牧草サイレージの商品化構造

以上の分析を総括して，牧草サイレージの商品化構造を述べる。

まず，牧草サイレージの需要サイドの条件は，道内の主産地における草地面積の比例的拡大を伴わない飼養頭数の拡大と，デントコーン作付増加による草地面積の減少という２つの要因にもとづく牧草不足の発生がある。そこで，道内主産地を中心に，購入飼料としての牧草サイレージの需要が高まっていると思われる。

次に，供給サイドの条件を挙げると，第１にTMRセンターは地域では相対的に豊富な機械力と労働力を有するため，離農地の引き受け先となり，余分な草地を管理下に置いている。第２に，牧草利用ロスの減少によってTMRセンターでは外部販売可能な牧草が多い。第３に，調製コストの低さと採算性の面から，従来，外部販売目的で調製されていたロールベールサイレージや乾草の一部が，バンカーサイロによるサイレージへ転換されている。つまり，細断型ロールベーラを使用して圧縮梱包ロール型を製造できるバンカーサイロで調製されたサイレージが増加しているのである。第４に，副次的な要素だが，近年の酪農経営の収益性低下で飼養頭数拡大が抑制された。自給的利用が増えないため，外部販売の選択肢が出てくることになる。また，TMRセンター経営としても，外部販売によるセンター収入の増加と所有施設・機械の稼働率向上が期待できる。

圧縮梱包ロール型牧草サイレージは，３事例でおおよそサイレージ調製コストなど製造原価に見合った価格形成が確認された。これは，ロール型（ロールベールサイレージ）が余剰品扱いで輸送費程度の価格（購入者着価格）にしかならないことが多い点と比べると対照的である[24)]。２で検討したように，ロール型と異なり，圧縮梱包ロール型は品質が安定，かつ事前確認が可能であるために，一定の価値をもつ商品として需要者に認識されていると言える。また，一般的に，品質の良い一番草が優先的に使われるため，牧草余剰は品質の劣る二番草以降の余剰として現れるが，事例では一番草を販売するケースが多い。つまり，余剰となった牧草を単純に商品化しているとは言えない。

ただし，デントコーンサイレージの場合と異なって，牧草サイレージを専ら外部販売する，あるいは畑作農家による販売事例はないことからして，販売によって得られる利幅は大きくはないとも言える。つまり，商品生産として確立しているわけではなく，現状は，あくまでも自給的に生産される牧草サイレージの一部分を商品としても販売できる段階に留まっていると考えられる。これは，肉牛農家も購入する乾草や，依然として外部調達の多いデントコーンと異なって，需要者にとって購入牧草サイレージは自らの自給的生産の不足分を補填する位置づけにすぎないからであろう。

第５節　小括

本章の課題は，北海道における牧草サイレージ流通の増加要因と，北海道北部のTMRセンターを事例として牧草サイレージの商品化構造を解明することであった。

牧草サイレージの流通形態にはバラ型・ロール型・圧縮梱包ロール型があり，圧縮梱包ロール型が最も商品化に適した特性を有している。北海道内では，2008年から2009年にかけて牧草サイレージの流通量が大きく増加した。その要因は，圧縮梱包ロール型を製造できる細断型ロールベーラの利用普及，同機を主として運用するTMRセンターとコントラクターの設立数の増加，道内主産地における牧草不足と非主産地における牧草余剰という牧草需給の地域間格差の存在，輸入飼料価格の高騰がある。非主産地のTMRセンターの事例分析からは，離農地引き受けによる余剰草地の存在，採算性の面でのロールベールサイレージや乾草からバンカーサイロサイレージへの転換によって，圧縮梱包ロール型として外部販売可能な牧草サイレージの増加が明らかになった。概ね製造原価水準の価格形成がなされているが，あくまでも自給的に生産される牧草サイレージの一部が商品化されているにすぎない。

畜産クラスター関連事業を活用したTMRセンターの設立増加や，主産地と非主産地との規模拡大の格差，非主産地における収益性低下・労働力不足による飼養頭数の抑制的推移，離農者の発生は今後もしばらくは継続すると思われる。これらは牧草サイレージの流通増加，商品化を促進させる条件である。そのため，今後も北海道において牧草サイレージ市場は拡大傾向の続くことが予想される。これが単なる量的拡大にとどまるか，商品化の深化を伴う質的転換をもたらすか，さらには食料安全保障の面で飼料自給率の向上に資する性格の動きであるかは見極めが必要であろう。国内の農業生産者によって供給される飼料の全体的な市場構造や，そういった飼料と自給的生産飼料，ならびに輸入飼料との代替関係など未解明な点は多いが，これらは今後の課題としたい。

注

1）本章は，清水池義治「牧草サイレージの商品化構造―北海道北部のTMRセンターを事例として―」『農業市場研究』第25巻第4号，2017年3月，pp.15-25を加筆・修正したものである。

2）2014年度には，コントラクター等が広域流通させる粗飼料の拡大数量に応じて，流通諸経費に相当する奨励金を交付する事業が実施された。

3）需要に見合った供給が必ずしもなされていない，あるいは同一の財であるにも関わらず需要と供給とが各々異なったメカニズムで形成されるという面で，自給飼料の商品化は，食品残渣といった副産物の商品化と類似していると思われる。副産物としてのバイオマスの商品化に関する代表的な研究としては，泉谷（2015）がある。

4）サイロ特性は，安宅（2012）pp.78-81参照。

5）サイレージ調製の方法や飼料成分，外部環境などによって，品質低下に至る期間は異なる。なお，好気的変敗したサイレージを給与された乳牛の飼料摂取量や生産性は低下する。安宅（2012）pp.28-30参照。

6）以下，日本草地畜産種子協会（2013）を参照。

7）馬場・太田ら（1997）参照。

8）中村・大槻ら（2006），飼料販売会社へのヒアリングより。

9）日本草地畜産種子協会（2013）p.8を参照。ロール型は梱包後に発酵するため，圧縮梱包ロール型のような梱包前の品質確認は意味がない。

10）北海道農政部生産振興局畜産振興課へのヒアリングより。

11）志藤（2004）を参照。なお，細断型ロールベーラは，オガクズやプラスチック廃棄物などの梱包用途で，ノルウェーで開発された機械である。荒木・井上ら（2013）pp.83-84参照。

12）荒木・井上ら（2013）pp.83-84参照。

13）前掲p.84参照。
14）農畜産業振興機構（2014）pp.184-185参照。
15）前掲p.202参照。北海道のTMRセンター数は，2005年で20，2009年で39である。
16）この場合の乳用牛は子牛（未経産牛）も含まれる。
17）日高地域を除く。同地域は馬の飼養頭数が多く，馬向けの草地が多いためである。
18）センサスデータにおける乳用牛飼養頭数は子牛も含むため，推計値である。2010年の「畜産統計」で北海道の乳用牛頭数にしめる経産牛頭数の比率59.2％を用いて推計した。
19）一般的に，TMRセンターは草地の一元管理，具体的には牧草収穫・調製作業の共同化を通じて牧草利用ロスが減少して，草地利用効率が向上すると指摘される。農畜産業振興機構（2014）pp.181-182を参照。
20）以下は，特に記載のない限り，センターＡ・Ｂ・Ｃへのヒアリングにもとづく。
21）センター内の需要を超えた牧草の収穫・調製を行わざるをえない理由には，牧草を翌年利用するためには収穫する必要があること，中山間地域等直接支払制度の交付金受領要件（農業生産活動の継続）がある。
22）一番草はシーズン最初に収穫される牧草を指し，萌芽後に初めて収穫されるため品質が安定している。一番草の後に収穫される牧草は二番草（その次は三番草）と呼ばれ，一般的に一番草より品質が低下する。
23）飼料販売会社Xへのヒアリングより。経営破綻した肉牛会社は低質の乾草も含めて大量に購入していたという。
24）飼料販売会社X，センターＢへのヒアリングより。

引用・参考文献

［１］荒木和秋・井上誠司・小糸健太郎・杉村泰彦・吉岡徹・淡路和則・清水池義治「自給飼料の調製技術および流通の革新：細断型ロールベーラによる技術革新」『酪農学園大学紀要（人文・社会科学編）』第38巻第１号，2013年10月，pp.83-100
［２］安宅一夫監修『最新サイレージバイブル―サイレージとTMRの調製と給与―』酪農学園大学エクステンションセンター，2012年
［３］馬場武志・太田剛・大石登志雄「イタリアンライグラスラップサイレージの発酵品質に及ぼす材料草の水分，刈取りステージ及び貯蔵場所・貯蔵期間の影響」『福岡県農業総合試験場研究報告』No.16，1997年，pp.117-120
［４］伊藤和子・藤森英樹・関野幸二・石川志保・大森裕俊「稲発酵粗飼料（イネWCS）の広域流通におけるシステムのモデル化と流通組織の機能―宮城県農業公社を事例として―」『農村経済研究』第32巻第２号，2014年８月，pp.55-60

[5]泉谷眞実『バイオマス静脈流通論』筑波書房，2015年
[6]木宮健二「粗飼料の流通化に関する検討課題」『農林業問題研究』第19巻第4号，1983年12月，pp.161-169
[7]中村フチ子・大槻健治・柳田和弘・矢内清恭・佐藤茂次「細断型ロールベーラを用いた牧草等の収穫調製技術」『東北農業研究』No.59，2006年，pp.103-104
[8]日本草地畜産種子協会「粗飼料広域流通実態調査報告書―平成24年度被災地粗飼料生産利用円滑化緊急対策事業―」，日本草地畜産種子協会，2013年3月
[9]農畜産業振興機構「北海道におけるコントラクターおよびTMRセンターに関する共同調査報告書―自給飼料基盤の高度利用と北海道酪農の安定を目指して―」農畜産業振興機構，2014年6月
[10]志藤博克「細断型ロールベーラの紹介」『牧草と園芸』第52巻第4号，2004年，pp.1-5

（清水池　義治）

第4章

細断型ロールベーラ導入に伴う自給粗飼料の利用方法の変化
―北海道オホーツク地域を事例に―

第1節　本章の課題

土地利用型酪農において自給飼料の利用拡大は重要な政策目標になっている。例えば，2015年3月の農林水産省「酪農及び肉用牛生産の近代化を図るための基本方針」において，飼料の生産・給与の作業面での利便性から輸入粗飼料を利用されてきたが，「高品質で低コストな国産粗飼料の生産・利用の拡大を促進し，飼料生産基盤に立脚した足腰の強い畜産に転換することが重要である」としている。しかし，大家畜経営における自給飼料の生産割合は，近年やや横ばいに推移しているものの，低下傾向を示していた[1)]。矢坂（2005）は，飼料の自給生産は多様な社会的役割を担っており，自給飼料生産拡大への期待が大きいことを指摘したうえで，自給飼料生産の不安定性が大きいために，輸入飼料との比較で必ずしも自給飼料を選択することが合理的な判断とはならなくしていることを指摘している。鈴木（2005）は，粗飼料高自給率経営と粗飼料低自給率経営の比較と試算により，2種類の経営が総所得に関してほとんど「無差別」状態にあり，政策支援がなければ，転換するインセンティブはないとしている。これらは，自給飼料の利用拡大は容易ではなく，政策支援が必要であることを説いている。その要因として，労働力の制約や自給飼料の品質問題，コストの不安定性などを指摘している。しかし，その解決は，政策的な支援だけではない。例えば，荒木（2004）は，飼料自給率を向上させた集約放牧およびTMRセンターでの取り組み事例を示して，飼料自給率を高めるには，自給飼料を有効に活用した技術導入・転換が必要であることと，粗飼料に対する既成概念を変えることも必要であるとしている。自給飼料の諸問題を解決するための技術導入も，自給飼料の利用拡大において，重要な要因であるといえる。さらに，導入した技術の利用方法や，生産した自給飼料の利用方法など，酪農家の工夫が重要な要素となると考えられる。

本稿で取り上げる細断型ロールベーラは，サイレージの貯蔵と移動の可能性を高める技術として捉えることができるため，北海道の土地利用型酪農においては，自給粗飼料の利用拡大と流通拡大の可能性があると考えられる。このような技術が，実際に酪農家でどのように活用され，どのような面で有効なのかを明らかにすることは，今後の細断型ロールベーラ導入において，重要な示唆を与えるものであると思われる。

そこで，本稿では，事例から，1）細断型ロールベーラの利用方法とそのコスト，2）細断型ロールベーラ導入により自給粗飼料の利用方法，の2点についてどのような特徴がみられたのかを考察することを目的とする。

第2節　細断型ロールベーラのレンタル利用による粗飼料の品質リスク減少

1）S牧場の概況

有限会社であるS牧場は，オホーツク総合振興局管内に位置する。この地域の気象条件は夏季と冬季の寒暖の差が大きい地域であり，夏季には飼料および飼養管理において暑熱対策が非常に必要であり，冬季には飼料の凍結を気にしなくてはならない地域である。

表4-1　S牧場の経営概況

項目	
構成員	10人
搾乳頭数	約285頭
育成頭数	約300頭
うち受け入れ預託牛	約50頭
経営耕地面積	230ha
うちデントコーン	75ha
小麦	10ha
採草地	145ha
バンカーサイロ	7基
W24m×L40m×H1.8m（8m区切り：3基）	
W32m×L30m×H1.8m（8m区切り：4基）	

資料：聞き取りによる

S牧場の経営概況は**表4-1**に示し

た通りである。有限会社として1998年９月に設立され，構成員は３戸夫婦６人と従業員４人である。構成員の３戸はもともと，1971年に設立されたトラクター利用組合で機械の共同利用をしており，牛舎の設備投資が必要になったのを契機に有限会社を設立した。飼養頭数は，搾乳牛頭数が285頭，育成牛頭数が300頭であり，経営耕地面積は230haであるが，圃場は全体的に傾斜地が多く，10以上の団地に分散している。

２）細断型ロールベーラの利用実態

S牧場が細断型ロールベーラを導入したのは2010年からである。導入当初は乾乳用の嗜好性の高い餌の生産を目的とし，レンタルにより導入した。導入後は，基本的にはバンカーサイロを空けることを目的とし，草地の刈り取り前に利用していた。

細断ロールサイレージの調製個数は，バンカーサイロのサイレージ残量によって変動するものの，2012年は**表4-2**に示すように６月中旬に約600個，８月中下旬に約400個で，約1,000個であった。細断ロールサイレージ調製をしている内容は，基本的にはバンカーサイロで調製された１番草のグラスサイレージを中心に利用している。

作業は３～４人程度の人員を要し，バンカーサイロのサイレージを崩す作業，機械の搬入作業，運搬作業，細断型ロールベーラのオペレーター作業を分担している。１日に150～200個分の細断ロールサイレージを調製することを目安としている。

S牧場における細断型ロールベーラのレンタル利用コストを**表4-3**に示した。細断ロールサイレージ１個あたりの機械レンタル費が1,500円で，ネット，

表4-2　細断ロールサイレージの調製個数（2012年）

時期	成形・被覆した内容	個数
６月中旬	１番草のグラスサイレージ	400個
	コーンサイレージ	200個
８月中旬	１番草のグラスサイレージ	400個

資料：聞き取りによる。

表 4-3　S 牧場における細断型ロールベーラの利用コスト

	年間総額	細断ロールサイレージ 1 個あたりの費用
移動の運賃（2 往復）	300,000 円	300 円
サポート費	35,000 円	35 円
機械レンタル費	1,500,000 円	1,500 円
資材費	1,000,000 円	1,000 円
合計	2,835,000 円	2,835 円

資料：聞き取りによる。
注：1）移動の運賃は，1 回 150,000 円である。2012 年度実績で 2 往復とし，1 個あたりの費用と総額を推計した。
2）サポート費はオペレータ 1 名で，1 日 5,000 円で 7 日として推計した。
3）機械レンタル費は細断ロールサイレージ 1 個 1,500 円となっている。総額は 2012 年度実績の 1,000 個生産したとして推計した。
4）資材費は細断ロールサイレージ 1 個約 1,000 円である。総額は 2012 年度実績の 1,000 個生産したとして推計した。
5）燃料費は含まれていない。

ラップフィルムなどの資材代を含めて2,500円程度である。ただし，細断型ロールベーラは十勝地域にある建機会社からレンタルしているため，移動の運賃が 1 往復15万円とサポート費（オペレーター 1 人）が 1 日5,000円かかる。運賃・サポート費を含め，細断ロールサイレージ1,000個の調製に約290万円程度のコストとなり，平均費用は，細断ロールサイレージ 1 個あたり3,000円程度であった。機械のレンタル費は，細断ロールサイレージ 1 個あたり1,500円となっているため細断ロールサイレージの調製個数に応じて費用が増加する。レンタル業者に支払う費用は，年間1,000個を調製する場合，機械レンタル費と移動の運賃（2 往復），サポート費（7 日分）で年間約184万円の費用がかかる。

ここで，細断型ロールベーラのレンタル利用の費用は，機械を購入した場合の費用と比較して，有利なのかをS牧場のレンタル利用の数値を基に費用を推計し検討する[2)]。レンタル利用時の固定費用としては，移動の運賃のみとした。購入時の固定費用には，減価償却費，修理費，車庫費，資本利子等の諸負担金があるが，本稿では北海道庁HPに掲載されている「農業機械導入計画策定の手引き」（2014年 3 月）のラッパ付細断型ロールベーラの値の年間固定費率（23.2%）を用いて簡便的に求めることとした[3)]。細断型ロールベーラの価格は，S牧場のレンタル利用している機種と同様の機種について，メーカーの北海道版カタログの価格を用いた。変動費用としては，資材費（ネット・ラップフィルム等の費用）が１個1,000円とした。燃料費は北海道庁HP「農業機械導入計画策定の手引き」（2014年３月）のラッパ付細断型ロールベーラの燃料消費量の値の12リットル/h，軽油価格は136円/リットル（農林水産省「農業物価統計調査」（2012年）の12ヵ月の平均値）を用い，調整個数が１時間あたり30個として推計した結果，１個あたり54円となった。労働費は，１時間あたり1,416円（全国農業会議所「農作業料金・農業労賃に関する調査結果（2012年）」の全国のトラクターのオペレーター賃金平均）を用い，作業に３名が必要であるとして推計した結果，購入時は１個あたり142円となった。ただし，レンタル利用の場合は，サポート費によってオペレーター１名が作業するため，労働費は２人分で推計し，１個あたり94円と

表 4-4　細断型ロールベーラの年間調製個数１個あたり費用の比較

（1）細断型ロールベーラのレンタル利用

（円／個）

年間調製個数		800 個	1,000 個	1,200 個	1,400 個	1,600 個	1,800 個	2,000 個
固定費用	移動の運賃（２往復）	375	300	250	214	188	167	150
変動費用	機械レンタル費	1,500	1,500	1,500	1,500	1,500	1,500	1,500
	サポート費	38	35	33	36	34	33	35
	資材費	1,000	1,000	1,000	1,000	1,000	1,000	1,000
	燃料費	54	54	54	54	54	54	54
	労働費（２人）	94	94	94	94	94	94	94
合計		3,061	2,984	2,932	2,899	2,871	2,849	2,834

（2）細断型ロールベーラ購入による利用

（円／個）

年間調製個数		800 個	1,000 個	1,200 個	1,400 個	1,600 個	1,800 個	2,000 個
固定費用	機械の年間固定費	3,404	2,724	2,270	1,945	1,702	1,513	1,362
変動費用	資材費	1,000	1,000	1,000	1,000	1,000	1,000	1,000
	燃料費	54	54	54	54	54	54	54
	労働費（３人）	142	142	142	142	142	142	142
合計		4,600	3,920	3,466	3,141	2,898	2,709	2,558

注：1）細断型ロールベーラは１時間 30 個，１日最大 150 個を調製できるものとし，作業は３名として推計した。
2）レンタル利用の固定費用は，運賃とし年２回の利用（２往復）とした。
3）サポート費は１日 5,000 円とした。
4）資材費はネット・ラップフィルムの費用で１個 1,000 円とした。
5）燃料費は北海道庁 HP「農業機械導入計画策定の手引き」（2014 年３月）のラッパ付細断型ロールベーラの燃料消費量 12L/h，軽油価格は 136 円/L（2012 年の農林水産省「農業物価統計調査」（2012 年）の 12 ヶ月の平均値）とした。
6）労働費は，１時間あたり 1,416 円（全国農業会議所「農作業料金・農業労賃に関する調査結果（2012 年）」の全国のトラクターのオペレーター賃金平均）を用いた。
7）購入時の固定費用は，北海道庁 HP「農業機械導入計画策定の手引き」（2014 年３月）のラッパ付細断型ロールベーラの年間固定費率（23.2%）を用いた。機械の価格は，S 牧場のレンタル利用している機種と同様の機種について，メーカーの北海道版カタログの価格を用いた。耐用年数は７年である。

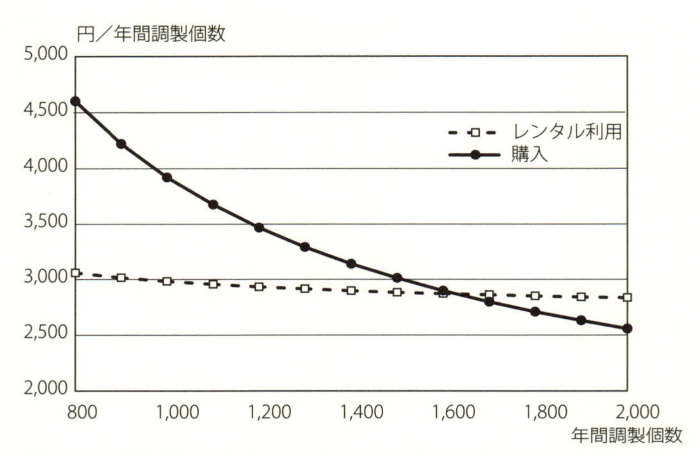

図4-1　細断型ロールベーラのレンタル利用と購入時における調製個数と費用の変化

注：推計の詳細は，表4-4を参照。

なった。レンタル利用時のサポート費用は，１日150個を調整すると仮定し必要日数を推計し，１日あたり5,000円を乗じて推計した。これらの推計から，細断型ロールベーラのレンタル利用と購入時の費用を細断ロールサイレージの１年間の調製個数１個あたりで比較したのが**表4-4**である。細断型ロールベーラをレンタル利用した場合のコストは，調製個数により若干変化するものの，概ね１個あたり3,000円程度であることがわかる。一方で，細断型ロールベーラを購入した場合は，固定費用が大きいことから調製個数の増加に伴い，１個あたりの費用が大きく減少する。**図4-1**は調製個数と費用の変化を示している。推計結果から，細断ロールサイレージの調製が年間約1600個以下である場合は，レンタル利用の方がコストを抑えることができることを示している。

購入の場合は，１年間に大量の細断ロールサイレージを成形・被覆する場合にコスト的なメリットを発揮するので，共同利用などに向いている。一方で，S牧場のように１年間の細断ロールサイレージの調製個数が少ない場合は，レンタルでの利用にメリットがある。さらに，レンタルによる利用は，移動の運賃が追加されるものの，イニシャルコストが不要であるのみならず，機械のメンテナンスおよびトラブルの対応をすべてレンタル会社が行うことに利点がある。また，調製個数の変動にも対応できることから，購入に比べると固定費負担のリスクを軽減できる。とりわけ，バンカーサイロを空けることを目的としていることから，作業時期の自由度が大きく，１日に150～200個分の細断ロールサイレージを巻くことを可能であることから，作業日数も短い。こうした点から，細断型ロールベーラは，レンタル利用および共同利用に適した機械であると言える。

３）細断型ロールベーラの利用による自給粗飼料の利用方法の特徴

S牧場での細断型ロールベーラの利用により，以下の３点において自給粗飼料の利用方法に特徴がある。

まず第１に，バンカーサイロで調製したサイレージを有効利用した点にある。細断型ロールベーラの利用は，１番草および２番草・トウモロコシの収穫前であり，バンカーサイロに残ったグラスサイレージを細断ロールサイレージ調製することで，サイレージの品質を落とさずにバンカーサイロを空けることが可能となった。このような利用により，バンカーサイロの利用効率を向上させ，自給粗飼料の品質向上に寄与したと考えられる。また，細断型ロールベーラで成形・被覆した細断ロールサイレージは，場所に対して自由度が大きく，移動可能である点ことも作業効率の面でも意味があると考えられる。

第２に，細断ロールサイレージを主に乾乳後期の牛に給与している点にある。細断ロールサイレージは，ある程度の品質が判っていることが粗飼料の品質リスクを減少させ，利便性を高めている。バンカーサイロやスタックサイロのサイレージの質が悪い場合において，細断ロールサイレージを混ぜて利用することで，飼料全体の品質が安定化を図っている。それゆえ，細断型ロールベーラの利用で確実なサイレージを確保がでることが粗飼料の品質リスクを回避することにもつながると考えられる。農場経営者の１人は，「飼料の品質が安定し，嗜好性があることで，牛が乾乳後期に乾物をきちんと摂取でき，飼養管理に好循環を与え，周産期病が減ったと感じている」としている。

第３に，サイレージを販売している点にある。粗飼料に余裕ができた時，バンカーサイロのサイレージを高品質な細断ロールサイレージという形で販売することで，粗飼料の量も調節できるようになったとしている。これは粗飼料の流通による所得確保に寄与する可能性が示唆される。

ただし，利便性を高めるだけではなく，次の３点の問題点を指摘している。第１に，冬季の厳寒期に，細断ロールサイレージが凍る点である。夏場において細断型ロールベーラの利点が発揮されるものの，冬場は利用リスクの可能性も存在することを示唆している。第２に，高水分サイレージの調製には向かない点である。従って，利用範囲はある程度，限定的である。第３に，サイロサイレージと比べて牛に給与するときにラップの開封，ごみの片付けといった作業が増える点である。この点においては，多少なりとも作業効率を低下させる可能性が示唆される。

第３節　機械利用組合の収穫作業期間の調整と細断型ロールベーラの利用

1）A機械利用組合の概況

A機械利用組合は，同じくオホーツク総合振興局管内に位置する。2001年に２つの機械の共同利用組合が加わって設立された。現在の構成員は５戸で，草地管理に関する機械一式を共同利用するとともに作業も共同で行っている。

構成員５戸を合わせた搾乳牛飼養頭数は約250頭で，１頭あたりの年間平均乳量は9,500～１万kgである。経営耕地面積は借地30haを含めて300haであるが，圃場は分散している。作付けの構成は**表4-5**に示したとおりである。共同作業によって小麦，トウモロコシ，牧草の輪作体系を取っており，自給粗飼料の品質と収量向上に注意を払っている。借地は，細断型ロールベーラを導入した2009年からサイレージの販売を目的に５ha，2010年以降は現在の30haを借りている。

表 4-5　A 機械利用組合の組合員の経営概況

項目		値
構成員		５戸
搾乳頭数		約 250 頭
育成頭数		約 200 頭
経営耕地面積（構成員所有）		280ha
	デントコーン	120ha
	小麦	70ha
	採草地	80ha
	放牧地	10ha
経営耕地面積（借地）		30ha
	デントコーン	20ha
	採草地	10ha

資料：聞き取りによる。

共同作業では，構成員がそれぞれトラクター１台とトラック１台を共同利用組織に持ち込んで利用している。労働力の出役は１戸につき１人の５人で，オペレーター賃金はなく，機械の利用料金を各構成員が支払う仕組みで運営している。利用料金は，年間の総コストを面積で割ることによって換算している。2012年のハーベスタの利用料金（燃料費は除く）は，デントコーンが3,000円/10ａ，牧草１番草が2,500円/10ａ，２番草が2,000円/10ａであった。機械更新の積み立てはしておらず，機械の更新および新規導入に当たっては，借入金を使用料金によって支払っていく仕組みとしている。

構成員の５人がオペレーター作業を行っているが，牧草収穫に関しては，どうしても労働力が足りないときにコントラクターに作業を委託する場合もある。また，構成員のうち３戸は後継者がおらず，将来的にはオペレーター不足となる可能性があるため，その対応への検討が求められている。

２）細断型ロールベーラの利用実態

A機械利用組合が細断型ロールベーラを導入したのは2009年からである。以前は，高品質の自給粗飼料を生産するにあたり，地域の気候条件から，第１に草地の収穫適期が短く刈り遅れによる品質低下のリスク，第２に水分の少ないトウモロコシサイレージのカビ発生のリスクの２つの課題があった。また，チモシーの収穫適期も１週間と短く，その対応に苦労していた。このような状況の中で，オホーツク管内のホクレン畜産実験研修牧場で細断型ロールベーラの作業試験を行っているのを見学し，収穫作業期間の短縮化が図

表4-6　共同作業の年間スケジュール

4月下旬	5月中旬	6月下旬	7月下旬～8月上旬	8月中旬～8月下旬	9月上旬	9月下旬	9月下旬～10月上旬	10月中旬
肥料まき	デントコーン播種	1番牧草収穫	麦収穫	2番牧草収穫	草地更新	麦播種	デントコーン収穫	耕起
		細断ロールサイレージの調製		細断ロールサイレージの調製			細断ロールサイレージの調製	

資料：聞き取りによる

れる点と水分の少ないトウモロコシサイレージを細断ロールサイレージ調製できることから，自分たちの圃場に適していると判断して同機を導入した。また，資金的に補助事業（パワーアップ事業）を利用できることも導入の大きな要因であった。

細断型ロールベーラの利用は**表4-6**に示したとおり，まず１番草の収穫前にバンカーサイロを空けるために利用し，その後，収穫期に，１番草の調製，２番草の調製，トウモロコシの調製に利用している。バンカーサイロ調製と併用しており，天候状況に合わせて細断ロールサイレージの調製をしている。細断ロールサイレージの調製は天候状況によって変化するが，毎年約2,500～3,000個を調製している。

図4-2に示したように，従来は収穫作業とバンカーサイロでの鎮圧作業を並行して行っていたが，細断型ロールベーラの利用により，まずは収穫作業を実施してバンカーサイロの空きスペースに収穫物を積み上げ，収穫作業が終わってから細断ロールサイレージの調製作業を行うことができるようになった。このような作業体系に変更したことで，１日の牧草の収穫面積は約10haであったものが約20haに増えた。細断ロールサイレージの調製作業は１時間に30個程度できるという。収穫作業の短縮化により，サイレージ品質のばらつきを抑えることが可能となった。

細断型ロールベーラの利用にかかるコストは，細断ロールサイレージ１個あたりの機械購入費充当（減価償却費）が100円で，ラップフィルムなどの資材費が1,000円の合計1,100円程度である。１戸あたり年間500～600個を調製することから，同55万～66万円の支払いとなっている。また，2009年から

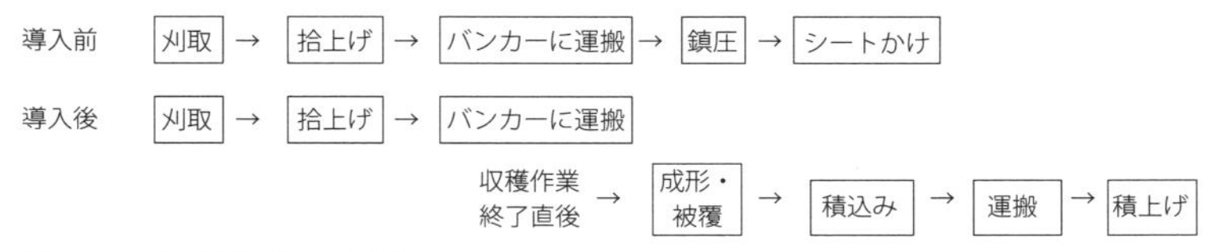

図4-2　収穫作業の手順

資料：聞き取りによる

は細断ロールサイレージの販売も実施している。2012年の販売価格は，１番草のグラスサイレージ7,000円/個，２番草のグラスサイレージ6,000円/個，コーンサイレージ12,000円/個であった。サイレージの販売額はA機械利用組合全体で1,500万円程度であり，１戸あたり約300万円の収入となっている。こうしたことから，細断型ロールベーラの導入によって機械費が増大した側面があるものの，所得確保にもつながっている。

３）細断型ロールベーラの利用による自給粗飼料の利用方法の特徴

A機械利用組合の細断型ロールベーラの利用による自給粗飼料の利用方法の特徴は，以下の３点である。

第１に，S牧場と同様，バンカーサイロで調製したサイレージを有効利用ができた点である。これにより，粗飼料のロスが減ったことである。１番草の収穫前にバンカーサイロを空けることで，バンカーサイロを効率的に利用することが可能となり，同組合ではスタックサイロを利用しなくなった。

第２に，粗飼料の品質確保が図れた点である。作業適期が短い気候条件の中で，労働力の制約が大きく，圃場が分散している共同作業においては，収穫作業の短縮化が刈り遅れリスクを低減した。また，トウモロコシサイレージのカビ発生のリスクが低減されたとしている。こうしたリスクの低減により，品質確保が図れ，効率的に粗飼料を利用できたといえる。

第３に，S牧場と同様，サイレージを販売している点にある。高品質なサイレージを流通することで所得確保につながっている。かつては乾草ロールを１個１万円程度で流通させていたとのことであるが，細断ロールサイレージは乾草に比べて，天候による品質のリスクが小さく，ロスが少ない。また，サイレージを流通することが可能となったため，A機械利用組合の構成員が利用するサイレージの量の調整ができるようになり，この点でも，サイレージの利便性を高めたと言える。

第４節　自給粗飼料の利用拡大における細断型ロールベーラ導入の意義

本章の目的は，細断型ロールベーラの利用方法とそのコスト，細断型ロールベーラ導入により自給粗飼料の利用方法，の２点について事例からどのような特徴がみられたのかを考察することであった。

細断型ロールベーラの利用方法とそのコストについては，以下の２点が指摘できよう。第１に，細断型ロールベーラの利用方法については，常時利用するものではなく，利用期間の制約は小さく，稼働率も小さいため，その導入にはレンタルや機械利用組合など共同利用での導入にメリットがあることが考えられる。S牧場では機械レンタル費と移動の運賃の合計は年間約180万円となるものの，イニシャルコストが不要であるのみならず，機械のメンテナンスおよびトラブルの対応をすべてレンタル会社が行うという利点があった。さらに，調製個数の変動にも対応できることから，購入に比べると固定費用増加のリスクを軽減できる。個別に導入する場合，推計結果によると，細断ロールサイレージを年間約1,600個の成形・被覆しない限り，レンタル利用に優位性があることが示された。当然，共同利用で，細断ロールサイレージを大量に調製する場合には購入に優位性があると言える。第２に，２つの事例ともに，バンカーサイロを空ける作業体系となっており，バンカーサイロの稼働率を高めている。このことは，バンカーサイロとの代替を意味している。細断型ロールベーラとの併用は，バンカーサイロの利用率を高めること，場所に対して自由度が大きく，移動可能である点，さらにはサンクコスト（使用を休止した際に回収できない費用）を減少させる可能性があることに利点がある。

細断型ロールベーラ導入により自給粗飼料の利用方法については，以下の４点を指摘できる。第１に，成形・被覆が可能となったことで，２事例ともにサイレージを販売していた。第２に，バンカーサイロで調製したサイレージを品質の劣化を防ぎ有効利用ができた点も，重要な変化である。バンカーサイロにあるサイレージの移動は，サイレージの有効利用だけではなく，バンカーサイロの稼働率をも高め，次年度のサイレージ品質にも影響すると考えられる。第３に，A機械利用組合の場合は，収穫作業の短期化により，サイレージの品質向上に寄与した。第４に，S牧場では，粗飼料の品質リスクを減少させることで，乾乳後期の乳牛に乾物を摂取させるための飼料として利用していた。

以上の考察から，酪農家の工夫により細断型ロールベーラの利用は，経営の効率化に様々な面で寄与できる可能性があると考えられる。とりわけ，２事例から，バンカーサイロの施設投資の代替性があることと，粗飼料の品質低下リスクを減少させること，流通が可能となることにより，自給飼料の利用可能性を高めることが示唆できた。また，コスト面からも，作業適期の制約が小さいことから共同利用の利点があり，費用を大きく増加させずに導入が可能であることが示唆できる。こうした点により，自給粗飼料の利用拡大に寄与できるものであると考えられる。

注

１）農林水産省（2016）のp.6による。
２）細断ロールサイレージによる自給飼料の生産費を分析した既存研究として，西山・斉藤（2011），小田・増田（2007）がある。ともにトウモロコシサイレージにおける収穫調製方式を対象とし，作業負担について詳細に分析している。小田・増田（2007）では，岩手県での実証試験により，購入およびリース利用のトウモロコシサイレージの生産費について推計している。本章では，細断ロールサイレージの成形・被覆作業にのみ着目し，調製個数１個あたりの費用を推計して，レンタル利用と購入の場合での費用を比較した。
３）北海道農政部生産振興局技術普及課（2014）のp.67による。http://www.pref.

hokkaido.lg.jp/ns/gjf/tokuteikouseinou.htm

引用・参考文献

[１]荒木和秋「飼料自給率向上の可能性はあるのか」梶井功・矢口芳生『食料・農業・農村基本計画―変更と論点と方向―』農林統計協会，2004年

[２]北海道農政部生産振興局技術普及課「農業機械導入計画策定の手引き」，2014年３月　http://www.pref.hokkaido.lg.jp/ns/gjf/tokuteikouseinou.htm

[３]西山厚志・斉藤健一「飼料用トウモロコシにおける細断型ロールベールサイレージ方式の導入条件の解明」『千葉県畜産総合研究センター研究報告』11，2011年，pp.59-66

[４]農林水産省「酪農及び肉用牛生産の近代化を図るための基本方針」2015年３月

[５]農林水産省「飼料をめぐる情勢」2016年９月

[６]小田朋佳・増田隆晴「細断型ロールベーラの導入条件と評価」『岩手県農業研究センター研究報告』７，2007年，pp.61-64

[７]鈴木宣弘「環境保全型畜産推進のためのインセンティブ設計―酪農における自給飼料生産拡大と糞尿処理施設の整備を事例に―」『九大農学芸誌』第60巻第２号，2005年，pp.275-286

[８]矢坂雅充「自給飼料生産と土地利用型畜産」『農業経済研究』第77巻第３号，2005年，pp.129-139

（小糸　健太郎）

第5章

細断型ロールベーラ導入による新たな土地利用の可能性
―北海道道央地域の畑作経営を事例に―

第1節　課題と方法

細断型ロールベーラ（以下細断型RBと称す）を組み入れた新しい飼料調製体系は，１．自給飼料の圧縮梱包を通して飼料の長期保存を可能にする[1)]，２．畜産経営が抱える余剰飼料を広域販売できる可能性を提供する[2)]など，畜産経営への利益付加だけでなく，耕種経営にとってもより広域の耕畜連携を構築できる可能性をもたらすといわれている。このことは，耕種経営の視点からみて，飼料生産・販売が作付品目の選択肢の遡上に乗ることを意味する。

一方畑作経営における土地利用の点からみると，平石[3)]は家族経営の限界性として「畑作経営では，機械装備を高度化させ，土地利用を維持したまま大規模化を進めることが基調とされているものの，省力化が困難となる技術的限界に到達して以降は，多量の雇用労働力利用によって家族労働の代替を進めつつも，省力作物に偏重した土地利用がとられるようになる。」と述べており，経営面積の大規模化と共に，省力化作物への生産側からのニーズの高まりを明らかにしている。省力化作物の選択肢としては，麦のような畑作４品の中での省力的なものへの偏重の方向性[4)]がある一方で，野菜作を畑作物なみの省力化を図ったうえで，畑作物としては高収益な作物という程度の収益性として位置づける[5)]方向性や，畜産経営と連携しながら飼料作の受託生産を進める方向性[6)]などが示されている。中でも飼料作物は，2000年代半ばの輸入濃厚飼料価格の高騰をきっかけに需要が高まり，北海道における飼料用トウモロコシの生産量が増大するなど供給も拡大傾向にある。

近年では，畑作経営と畜産経営の連携を実現する作目としてイアコーンサイレージを基点に地域に導入しようとする動きもみられる[7)]が，細断型RBを含めた機械の投資負担が大きいとの指摘もある[8)]。

畑作経営からみた飼料作物生産の評価については，山田[9)]は，良好な輪作体系を構築するための「畑作４品に加わる５番目の作物」の役割は見込める一方，収益面については地代を上回る水準であり，経営面積60ha以上の畑作経営における輪作体系を調整するための作目としての役割になることを示唆している。一方で，地域によっては，高収量を実現できれば単位面積あたりの収益性が他の畑作物と肩を並べることになり，作付品目の選択肢の俎上に載るとの報告[10)]もあり，畑作経営において飼料生産が組み込まれる条件に関しては今後もさらに実態調査を積み上げていく必要がある。

そこで，本論文では北海道の畑作経営において，飼料作物を生産して細断ロール調製し販売している事例を対象として，細断型RBを組み入れた新しい飼料調製体系が耕種経営にとってどのような経営的合理性を持ち，土地利用に変化を与えているのかを明らかにする。

その方法は聞き取り調査をもとに，下記の３点の分析を元にして考察する。第一に飼料生産開始前後での土地利用の変化とその背景を整理する，第二に飼料生産の栽培面での評価を試みる，第三に飼料生産・販売の経営的評価を試みる，以上の３点である。

第２節　畑作農家集団によるとうもろこし生産・販売の現状と課題

1）地域概要

まず，北海道勇払郡安平町において，畑作（一部畜産部門を含む）農家３経営によりとうもろこしを生産し，細断型RBを使用して細断ロール化すると共に，販売している事例を取り上げる[11)]。

表5-1および**表5-2**より，事例がある安平町の状況を概観する。安平町は2015年時点の経営耕地面積が5,600haあまりで，うち８割以上が畑で占めら

表 5-1　地域別主な品目における作付面積（2015 年）

（ha，%）

		経営耕地面積			作付面積							
			田	畑	水稲	小麦	ばれいしょ	大豆	小豆	ビート	野菜	飼料作物
実数	北　海　道	1,050,451	209,722	838,160	110,442	120,261	51,399	29,247	25,960	56,925	56,597	68,327
	胆振総合振興局	28,494	8,302	20,024	3,744	1,764	600	1,309	1,356	1,468	3,467	1,708
	上川総合振興局	119,592	59,192	60,264	30,448	13,244	2,894	5,986	2,067	3,400	12,053	5,891
	オホーツク総合振興局	152,255	2,634	149,526	991	28,835	17,652	1,377	1,978	23,289	10,464	15,593
	十勝総合振興局	235,268	1,626	233,441	15	44,929	21,853	5,820	15,997	24,948	9,676	27,582
構成比	北　海　道	100.0	20.0	79.8	10.5	11.4	4.9	2.8	2.5	5.4	5.4	6.5
	胆振総合振興局	100.0	29.1	70.3	13.1	6.2	2.1	4.6	4.8	5.2	12.2	6.0
	上川総合振興局	100.0	49.5	50.4	25.5	11.1	2.4	5.0	1.7	2.8	10.1	4.9
	オホーツク総合振興局	100.0	1.7	98.2	0.7	18.9	11.6	0.9	1.3	15.3	6.9	10.2
	十勝総合振興局	100.0	0.7	99.2	0.0	19.1	9.3	2.5	6.8	10.6	4.1	11.7

資料：農林水産省『2015 年農林業センサス』より作成。
注：１）野菜の算出は，品目別の面積のうち，非公表分を除いた合計とした。
　　２）飼料作物の作付面積は，経営耕地の状況より，「飼料作物だけを作った畑」の面積を使用した。

表 5-2　安平町における土地利用の推移

（ha，%）

		総経営面積	作付面積							
			稲	麦類	雑穀	いも類	豆類	工芸農作物	野菜類	飼料作物
実数	2015年	5,661	290	768	130	X	941	492	489	511
	2010年	5,857	301	816	189	26	975	454	381	616
	2005年	5,842	389	739	85	2	931	454	142	623
	2000年	5,473	551	635	74	15	909	423	362	1,633
構成比	2015年	100.0	5.1	13.6	2.3	X	16.6	8.7	8.6	9.0
	2010年	100.0	5.1	13.9	3.2	0.4	16.6	7.8	6.5	10.5
	2005年	100.0	6.7	12.6	1.5	0.0	15.9	7.8	2.4	10.7
	2000年	100.0	10.1	11.6	1.4	0.3	16.6	7.7	6.6	29.8

資料：農林水産省『農林業センサス』各年次より作成。
注：１）2005 年以降は農業経営体の値を使用し，それ以前は販売農家の値を元に作成した。
　　２）X は非公表。
　　３）2015 年の野菜及び 2005 年のいも類の算出は，品目別の面積のうち，非公表分を除いた合計とした。
　　４）飼料作物の作付面積は，経営耕地の状況より，「飼料作物だけを作った畑」の面積を使用した。

れている。畑作専業地域であるオホーツクや十勝に比べると田の面積が多いものの，水稲作付面積が290haと少なく，畑作物の生産が中心であることがわかる。主な作目はコムギやダイズであるが，野菜の作付けも500ha近くあることから多様な作目が生産されていることがわかる。またセンサスよりみた飼料作物の状況では，2015年の時点で9.0％と胆振地域の6.0％より高く，オホーツクや十勝地域などの畑作地域に近い作付けとなっている。ただし，**表5-2**より，2000年以降の類型別の作付推移をみると，稲が大きく減少する中で，雑穀や工芸農作物（ビート）と共に野菜の増加が確認でき，増加基調にあることもわかる一方で，飼料作物は2000年以降大きく減少していること

表 5-3　安平町における飼料用とうもろこしの作付面積推移

（ha）

	2016年	2015年	2014年	2013年	2012年
とうもろこし	394	408	336	330	386
うち耕畜連携	34	23	35	19	10

資料：安平町役場提供資料より作成。

が確認できる。

安平町役場提供資料より安平町におけるとうもろこし作付面積の推移を**表5-3**よりみると，2013年から2014年にかけて作付面積が一時的に減少しているものの，2015年が408ha，2016年が394haと400ha前後作付けされている。このうち，2016年は耕畜連携によるイアコーンの作付けが34haまで増加しており，地域に内における畑作経営の飼料の作付けが進みつつあることがわかる。

2）畑作農家集団としての取り組み概要

本事例の取組経緯であるが，当初はバイオエタノール原料生産を検討するところから始まった。協力していた３経営（K農場，A法人，N農場）では，バイオエタノールを効率的に生産する体制ができないかとうもろこしやビート，サトウキビなどの生産方法を模索していたが，生産技術面での課題が解決しきれずに実現できずにいたところ，商社より細断型RBを利用した細断ロールを生産すると，容易に販売できるとの働きかけがあった。

これを受けて，３経営は細断型RBを導入して外部に販売することを目的に，とうもろこしを栽培することを決定し，３名の経営者は各メーカーの機械をチェックしたり，導入した生産者に見学に出かけたり検討を行い，実際に細断型RBを借りて圃場で使用しながら，使い勝手をチェックした。その結果，①草を集める装置が改良されていて収穫物の取りこぼしが少ない，②移動させる際，所有するトレーラーユニットへ載せた際の安定性が良く，輸送しやすいなどの点から，2008年にT社の細断型RBを1,500万円で導入し，同年９月からの収穫作業に利用し始めた。

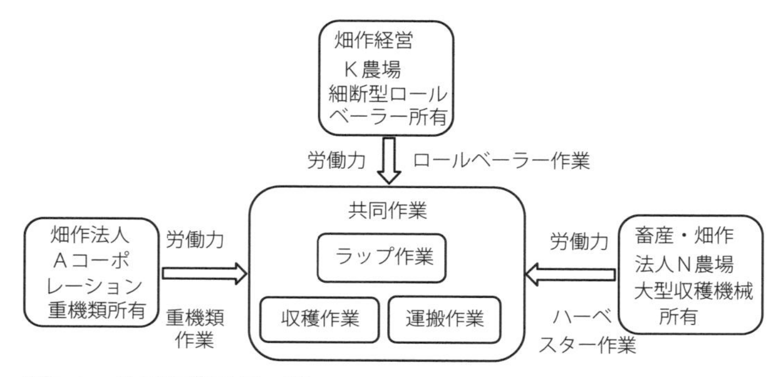

図5-1　共同作業フロー図

資料：2015年1月聞き取り調査により，筆者作成。

この際，作業に利用する機械を３経営で分担して出し合う形を作っている。まず細断型RBの購入はK農場が行い，ロール作業を中心とした作業全体の管理を担った。収穫機械については，N農場が大型のハーベスタを導入し，操縦者も含めて収穫作業を担当した。またA法人は経営主が土砂の販売を行う企業の役員を務めていた関連で，大型のバケットローダーを同法人で買い受けていたことから，ロール運搬に関する重機の提供とダンプの確保・運転も含めたロール運搬作業を担当した（**図5-1**）。

また，ほぼ同時期からは繁殖牛の販売に関係して苫小牧広域農協と取引のあった愛知県酪農協に所属する酪農家へ細断ロールを販売することも開始した。

3）とうもろこし共同作業の概要

とうもろこしの収穫作業は，３経営が協力しながら行っている。K農場は，取りまとめ役でもあり，畑作物を60ha～70ha作付けしている。A法人は菜種やとうもろこしを120haから130ha栽培している畑作法人である。N農場は，肉牛の繁殖と畑作物の生産を行う畜産・畑作複合経営である。

３戸は収穫に使う機械や労働力をそれぞれ分担して負担している。K農場は，細断型RBに関連した作業を担当すると共に，全体の作業調整を行っている。N農場はハーベスタを所有してとうもろこしの収穫作業を中心に担当し，A法人は重機類を所有しているため刈り取ったとうもろこしの移動作業や，ラッピングしたとうもろこしを移動させる作業などを分担している。

収穫作業の方法は，収穫する圃場の一角に平たんな農地を探して，そこに鉄板を20枚ぐらい運び込んで連続して敷いて作業場を作る。鉄板を敷くのは，製品に土砂が混入しないようにするためである。その後，タイヤショベルが作業しやすいように片側に横二メートルほどのコンクリート製のL字ブロックを並べ，簡易作業所を作る。ここに刈り取ったとうもろこしを運び込みタイヤショベルで細断型RBに投入する作業を行う。K農場らの方法では，１日の作業量で，約400個のラッピングが可能で，一般的に言われている。１日当たり270個の処理と比べて，非常に効率がいい。

ラップ作業・貯蔵の場所はとうもろこしの栽培ほ場の場所に近いところに確保している関係上，２～３年おきに，作業場所を変える。

また，ラッピングの方法では，収穫後雑菌が入らないうちに速やかにラッピングすることに注意が払われている。これは，経験的にとうもろこしが収穫後約半日で熱を持ってくること，しばらく放置してラッピングし直すと密閉度が悪く，製品の質が悪くなることがわかったためである。他にも雑菌の混入を防ぐためにとうもろこしが倒伏して収穫時に土砂がつかないよう，倒伏しにくい品種が導入されており，ラッピング時の細菌混入をできるだけ防ぐように細心の注意が払われている。またラッピングする際の水分含量も70％を若干切るぐらいを心がけている。水分含量の調整は，主に収穫時期を調整することで行われ，場合によっては水分含量の違う複数とうもろこしを組み合わせてラッピングすることも行われている。とうもろこしの品種選定も水分調整を念頭に行っており，収穫が遅めの晩生品種を中心にして水分含量が上がりすぎないようにしている。また晩生品種は早生品種に比べて病気が出にくく，収量も確保しやすい傾向があり，耐病性や収益性の面でも評価が高い。

作業の人数は，３戸合わせて，９名ぐらいの人員が手分けして作業を行っている。オペレーターが１名に，ダンプカーの担当者が３名（近い圃場では２名），タイヤショベル担当者が１名，ラッピングしたものを掴んで並べていく担当者が１名，これに細断型RBに関してネットなどの機械へ資材を補給するもの１名に，こぼれたとうもろこしを掃除するなどRBのメンテナンスを行うものが１名いる。これに総監督者であるK農場を加えて，９名となる。この９名は，３戸の家族労働力ほか従業員やアルバイトが含まれている。

このように作業は３戸の協力により，収穫からラッピングまでのすべての工程が行われる。経営観におけるこれらの作業負担の調整は，収穫作業後，それぞれの作業内容に価格を決めて行われる。例えば，ラッピング作業は１個あたり，刈り取り作業は10ａあたりなど，作業に関連した価格は内部で定められている。ただし，労働力の出役に関しては３戸助け合いで融通し合っている状態だという。

2014年は10月３日から収穫作業が開始され，毎年の作業は，10日から２週間ぐらいで終了する。それ以外には，近隣農家からの細断ロール生産の依頼を引き受けることがあるが，不定期で2012年や2013年では５ha～７haほどの受託実績があったものの，2014年時点での実績はなかった。

2014年のとうもろこし作付面積は61.5haで，10a当たりのとうもろこし収穫量は，ここ数年は６ｔ程度で安定している。収穫したとうもろこしは，一部は圧縮せずに平取町の農家に販売され，細断ロールとして調製される分は2014年実績で３戸合わせてロール1,600個分であった。このうち，管轄農協である，苫小牧広域農協を通して愛知県半田市の農家に出荷されている分が，2014年実績では800個ほどになる。数自体は年により700個から1,000個とばらつきがあるものの，半田市への販売はとうもろこしを栽培し始めた当初から続いている。販売のきっかけは農協が半田市の酪農家へ牛の販売を行っている関係から，販売ルートが開拓されたためである。その他の販売先には，恵庭市のホルスタイン繁殖牧場へも商社を通して販売されており，こちらも2014年の実績で800個ほどの出荷である。余ったものは農協や商社に販売先を紹介してもらい出荷することもあるが，細断ロールの品質保持期間が長いため，販売できなかったものの多くは，次年度に繰り越して販売している。販売単価は農協を通した販売でkg単価17円，相手先への販売価格はこれに輸送費用を加味してプラス10円ほどが加わる。商社を通した販売では，１ロール当たり11,000円から12,000円ほどの価格となる。

４）共同作業参加農家の概要ととうもろこし生産の位置づけ

（１）K農場概要

まずは，本共同作業体系における取りまとめの役割を果たしているK農場は，安平町にて約65haの畑作物を作付ける畑作農家である。家族労働力は，経営主が56歳，妻55歳，長男28歳（2015年１月の調査時点，以下同じ）の三名である（**表5-4**参照）。

作物内容は，とうもろこしが25ha，ダイズ15ha（黒ダイズと白ダイズ），ナタネ10ha，コムギ13haであり，作付面積の３割以上をとうもろこしが占

表5-4　安平町３経営の概況およびとうもろこし作付以前の状況

		K農場	A法人	N農場
経営面積	とうもろこし	25ha	25ha	11.5ha
	うち細断ロール	10ha	25ha	11.5ha
	ダイズ	15ha	46ha	22.9ha
	コムギ	13ha	31ha	55.5ha
	ナタネ	10ha	7ha	20.2ha
	スイートコーン	－	15ha	－
	牧草	－	－	40ha
	緑肥など	－	－	20ha
	合計	63ha	124ha	150ha
労働力	経営主	56歳	60歳	60歳
	妻	55歳	60歳	47歳
	長男	28歳	29歳	－
	雇用	－	49歳，49歳 他嘱託２名	37歳，26歳，26歳，26歳，20歳
とうもろこし作付以前（2007年頃）の特徴		とうもろこし部分ではソバ，コムギなどの作付けが行われていた	当時は経営面積70haで，ムギが約20ha，ダイズが約20ha，スイートコーン15haで，残りにアズキを作付けていた	とうもろこしの代わりにアズキが一部作つけられていたほか，コムギ，ダイズの作付けが行われていた

資料：2015年１月～２月の聞き取り調査により，筆者作成。
注：N農場は，この他に育成段階も含めた繁殖牛を145頭ほどと子牛を95頭所有しており，年間の子牛出荷頭数は110頭である。

めている。作付面積の動向は，春コムギの作付けが増加傾向にある一方で，ソバと秋コムギは作付けを減らしている。

輪作のローテーションは，厳密に定められてはいないものの，ナタネを作付けた後に麦ととうもろこしを２～３年作付け，大豆を入れるやり方で行われている。

とうもろこしは2008年から作付けをはじめ，７年目になるが，当初から20ha前後作付けして来ており，2014年実績では25haのうち10haが細断ロール用で，15haが刈り取り後平取町の農家に直接販売されている。とうもろこしの栽培面積は，前年度のロール在庫を踏まえ，主な販売先の年間で予測される需要量を合計したもの多少の余裕を持った生産を行える面積を計算し，作付けている。

このほかに栽培されている作物に関しては，独自に販売したり，商社との契約を締結したりしているものが多い。小麦は道内の製粉業者と契約して出荷をしており，ソバに関しても，播種米契約で契約販売を行っている。ナタネは，大阪の自然食品の商社との契約により販売しながら，一部のナタネ油を独自商品として販売している。またナタネは，養蜂業者と契約してハチミツの採種も行っており，収穫したハチミツを全量買い取りし，独自商品として販売している。

（２）A法人経営概要

A法人は，北海道勇払郡安平町で1994年に設立された農業法人で，2015年度で21期目になる。資本金は500万円で構成員は経営主61歳，妻60歳，長男29歳の３名である。この他に49歳の社員２名と，嘱託職員２名で構成されている。

2014年度の作付面積は，とうもろこし25ha，スイートコーン15ha，ダイズ46ha，コムギ31ha，ナタネ７haで，合計130haほどになる。輪作は品目により違うがスイートコーン，ナタネの後にコムギを持ってくるやり方で，ムギの後にマメを持って来てコーン類を入れる体系である。部分的に春小麦の後に秋小麦を栽培する２年連作もある。細断ロールにして販売しているのは，とうもろこし作付面積の４分の１ほどで，残りの４分の３は収穫物をトラックに積み込んで酪農家に直接販売している。

とうもろこし作付け以前の2007年時点での経営面積は70haで，当時の作物別の作付面積はムギが約20ha，ダイズが約20ha，スイートコーン15haで，残りにアズキを作付けしていた。

共同作業には，作成したロールを移動させるためのタイヤショベルやバックホーを提供している。これらの重機は，A法人で購入した形となっているが，元々は経営者が代表を務める土砂の販売を行う別会社で所有していたもののうち，比較的小型の重機をA法人が買い受けて使用した。

とうもろこしについては，元々加工向けにスイートコーンを栽培していたことから，そのノウハウを活用している。また，とうもろこしが輪作体系に入ることで，作物の種類が増え，ローテーションがしやすくなったメリットもある。加えて過去に栽培していたアズキ等と比較しても，価格が安定していて収益を計算し易い点も評価されている。実際，A法人では更なる経営規模の拡大を予定しており，目標面積を150ha，うちとうもろこしを３分の１の50haまで増やす予定である。

（３）N農場経営概要

N農場は，安平町追分地区において，畑作と和牛繁殖牛生産の複合経営を行っている。経営規模は約150haで，自作農地はこのうち55haほどである。耕種関連で，とうもろこし11.5ha，ナタネ20.2ha，コムギ55.5ha（春まき25.2ha，秋まき30.3ha），ダイズ22.9ha，オーチャードグラスなどの牧草約40haと，その他緑肥などを入れ合計150haほどである。畜産関連は，育成段階も含めた繁殖牛145頭ほどと，24ヶ月以上の経産牛が130～135頭を所有しており，年間の子牛出荷頭数は110頭である。

とうもろこし栽培前の2007年段階での作付けでは，とうもろこしの代わりにアズキが一部作つけられていたほか，コムギ，ダイズの作付けが行われていた。またとうもろこし栽培を始める１～２年ほど前には，バンカーサイロを建設して飼料の調製を行っていたが，想定していた品質に届かず，加えてネズミの被害やカビの発生などでさらに悪化して繁殖障害や分べん間隔の長期化など牛の状態にも影響が出ていたことから，バンカーサイロでの飼料調製は止めている。

共同作業には，ハーベスタを提供し，収穫作業を担当すると共に，ダンプによる輸送も担当している。ハーベスタは中古のものを導入して金額を抑えているが，元々の価格が高いことから本体だけで1,300～1,400万円費やしており，加えてコーンクラッシャーなどの追加装備にも200万円以上投資している。

N農場が栽培するとうもろこしはすべて細断ロールになってほとんどが販売されているが，一部は自経営にて飼養する和牛にも給餌している。使い方はとうもろこしと麦稈を組み合わせて粗飼料の代わりに給餌するやり方をとっている。ただし，とうもろこしサイレージはカロリーが高いことから，多給すると子牛の毛並みが悪くなったり，親牛の繁殖成績が悪くなったりするなど障害も発生するため，季節ごとに適量を模索しながら給餌している。気候による給餌量の調節や頭数の増減により，使用量の増減はあるが，年間平均で１日１個のロールを使用している。

カロリー調整の難しさはある一方で，飼料の品質面での評価は高く，鳥獣により穴が空いたりすることがなければ２年は在庫が可能なため，売り急ぐ必要がない点も評価している。

また，とうもろこしは肥料の吸収能力も高いことから，たい肥の投入量も多くでき，糞尿処理能力の向上にも効果があるという。

５）細断型RB共同作業およびとうもろこし生産への評価まとめ

（１）販売先の評価

とうもろこしサイレージの販売先農家からの評価としては，牛は夏バテせず，餌の食いが安定しているという評価である。長期保存したものは乳酸発酵が進むものの，品質的な問題は起こらず，むしろ牛が喜んで食べるため１年前の細断ロールの方が喜ばれることも多いという。また北海道内では冬場のサイレージの凍結が課題となっているが，本事例で生産されている細断ロールは12月になっても凍結しないことから，冬期の保存の面でも評価が高い。農協を通して販売されている半田市へのサイレージ販売に関しても，需要は高い。

（２）取り組み農家における生産性

またK農場の評価も当初から高く，とうもろこしの販売先がはっきり確定していない2008年度始めの段階から，とうもろこしの栽培を決断している。これは，細断ロールが２年から３年保存が可能であるため販売可能期間が非常に長い点に加え，独自の販売先がみつからなくても，最終的には商社が買い取ってもらえるというめどもあったため，栽培のリスクが非常に小さいと判断したためである。最も，細断ロールの販売に関しては，作付け当初より円滑な販売ができており，商社に買い取りを依頼したことはない。

作業の負担に関しても一番大きいのが収穫作業であり，そのほかには，播種作業１回，除草作業が１回，追肥作業が１回程度で，収穫作業以外の負担は小さいと言われている。

また収穫作業に関しても主要な作業機械を３戸で出し合っていることから，１戸あたりの負担は軽減されている。K農場に関して言えば，とうもろこし収穫作業に関わって新たに購入したのは細断型RBのみであり，故障が少なくメンテナンス費用もかかっていないため，減価償却もスムーズに進んでいる。これはK農場の経営方針，毎年情勢が変わるため，フットワークを軽くするために機械をなるべく買わないようにしたいとの方針とも合致している。A法人の提供する重機に関しては，とうもろこし関連作業だけでみれば重機をレンタルして使用した方が安く済むとのことであるが，たい肥の移動や農道の管理，除雪作業など汎用的に使えることから法人内で十分償却できる利用ができると判断し，購入していた。ただし，ロールを挟む腕部が無かったため，50万円ほどで自作している。

（３）現状における課題

とうもろこし関連作業での問題点としては，ネズミがラッピングしたロールサイレージを地面から穴を掘って食い荒らすという被害が多く発生しており，年間で30から50個程度のラップが被害に遭っている。取り組み当初はアライグマの食害が相次いでいたが，電牧を張り巡らせて対応し，アライグマの被害そのものは減少したのだが，アライグマ食害の減少に代わるようにネズミ被害が増加傾向にある。ネズミ食害は接地面から食い荒らすため一見して被害がわかりにくい上に，現状有効な対策がなく，対処法としてはできるだけ早めに販売してしまうこと以外無い。そのため春先の４月もしくは５月ぐらいまでには出荷してしまうように心がけているとのことであった。

（４）小括

このように，３経営におけるとうもろこし栽培は，収穫作業における三戸共同による機械購入と，円滑な作業連携により，高い生産性を示し，効率的な投資コストの回収を実現していた。また，長期保存可能な細断ロールの商品特性がもたらす，在庫保持に関するリスクの低さへの評価も高く，負担も少ない経営の実践に繋がっていた。今後自給飼料の生産基盤整備への要求はさらに高まると考えられ，畑作農家における細断型RBを利用したとうもろこし栽培の可能性も併せて高まると考えられる。

ただし，とうもろこし栽培が畑作経営へ広範に拡がっていくかどうかは，難しい状況にある。理由は他の畑作品目であるムギやダイズとの収益性でみた場合，生産物の単価自体はとうもろこしが上回るものの，助成金を加味した場合では面積当たりの収益が低くなる。そのため収入面で保証が得られる他の作物からあえてとうもろこし生産に移るうまみが少ないといえる。事実，事例のある安平町の畑作農家でとうもろこしを拡大する動きは確認できていない。

本事例のように，販売先のめどが立っていれば中間業者に買いたたかれることもなく，販売単価も安定することから，①栽培の手間がかからない，②本地域ではとうもろこしは助成金体系の外にある品目であることから，作付面積の決定について政策的に制限を受けない，という作り勝手の良さが評価される傾向になると考えられる。

事例地域の中でのとうもろこし生産は，何軒かの畜産農家でC社製の細断型RBを借り受けて細断ロールを生産し，余剰分を販売する動きが確認されている他，畑作農家が作付けしたとうもろこしをイアコーンサイレージとして供給する動きが広まりつつある。販売先の開拓を通した外部販売の流れが整っていけば，栽培の更なる拡大も見込めると思われる。

第３節　コントラクター契約農家によるとうもろこし栽培の現状と課題—美瑛町を事例に—

1）地域概要

次の事例地である北海道上川郡美瑛町の土地利用について，前掲**表5-1**より確認する。美瑛町がある上川郡は全体的には水田地帯も多く含まれているが，美瑛町は2015年の総経営耕地面積11,690haのうち，畑地が83.5％を占める畑作地域となっている。小麦，てんさい，馬鈴薯，豆類等主体とした輪作体系が行われている[12)]が，作付けは小麦が経営耕地の約４分の１を占める中心作物となっており，その他ビート，野菜，バレイショなどが多く作つけられている。栽培されている野菜はスイートコーンが最も多く，アスパラガス，タマネギ，トマト，ダイコン等が栽培されている。**表5-5**より，2000年以降の類型別作付面積の推移をみると，稲，いも類，豆類，工芸農作物（ビート），野菜など多くの作付け類型が面積を減らす中で，麦類や雑穀の増加が確認でき，粗放的な作目への傾斜がみられている一方で，飼料作物については2000年以降一貫して減少傾向で，特に2010年から2015年にかけ半分以下に落ち込んでいる点が確認される。

表 5-5　美瑛町における土地利用の推移

（ha，％）

		総経営面積	作付面積							
			稲	麦類	雑穀	いも類	豆類	工芸農作物	野菜類	飼料作物
実数	2015年	11,690	905	2,965	241	914	1,130	984	967	456
	2010年	12,919	948	2,501	113	1,157	1,301	1,262	1,240	1,190
	2005年	12,077	950	2,592	89	1,091	1,575	1,197	X	1,289
	2000年	11,165	1,067	2,517	106	1,200	1,456	1,172	889	1,414
構成比	2015年	100.0	7.7	25.4	2.1	7.8	9.7	8.4	8.3	3.9
	2010年	100.0	7.3	19.4	0.9	9.0	10.1	9.8	9.6	9.2
	2005年	100.0	7.9	21.5	0.7	9.0	13.0	9.9	X	10.7
	2000年	100.0	9.6	22.5	0.9	10.7	13.0	10.5	8.0	12.7

資料：農林水産省『農林業センサス』各年次より作成。

注：１）2005 年以降は農業経営体の値を使用し、それ以前は販売農家の値を元に作成した。

２）X は非公表。

３）2015 年の野菜及び 2005 年のいも類の算出は、品目別の面積のうち、非公表分を除いた合計とした。

４）飼料作物の作付面積は、経営耕地の状況より、「飼料作物だけを作った畑」の面積を使用した。

ただし，美瑛町の近年のとうもろこし生産を役場提供資料よりみると，2011年から2016年にかけて500haを維持しており，大きな変化は確認できなかった。ただし，イアコーンの生産が2012年より50ha規模にて開始され，若干の増加がみられており，両町共に地域内連携を基点に耕種経営での飼料作物栽培が普及しつつあると考えられる。

２）契約先コントラクターの概要と契約の仕組み

第２の事例としては，北海道美瑛町のコントラクター組織と契約を結び，とうもろこし栽培を行っている農家を取り上げながら，コントラクター概要と契約の仕組みをみていく。まず，契約先であるコントラクターの概要から説明する。名称は（有）ホクトアグリサービスで，元々は代表者経営が営んでいた農業のうち，作業受託部門2001年に独立法人化したものである。2004年からは，コントラクター自らが飼料生産を開始している。2012年度の事業概要は，畑作物栽培面積が23ha（とうもろこし11ha，コムギ７ha，マメ（ダイズ・アズキ）５ha），小麦収穫作業受託130ha，牧草収穫作業受託160ha（延

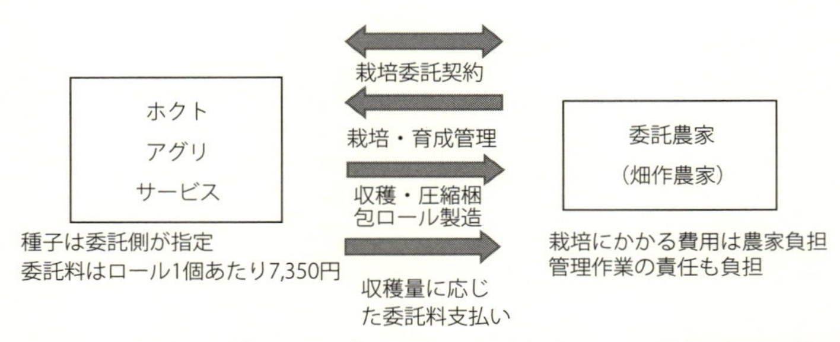

図5-2　ホクトアグリサービスにおけるとうもろこし栽培委託の仕組み

資料：聞き取り調査（2013年2月）より筆者作成。

べ），とうもろこし収穫作業受託70haである。また，これ以外にとうもろこしの栽培を他の農家に委託しており，契約農家数で６戸，面積で20haとなっている。

農家へのとうもろこし栽培委託の仕組みは**図5-2**のようになっていて，コントラクター側が指定した種子を使い農家側が播種からの管理作業を担い，収穫期の作業全般はコントラクターがすべて行う形になっている。生産は，最終的に製造されたロール単位で行われ，ロール１個につき7,350円が農家側に支払われる。

３）契約農家の概要と経営におけるとうもろこしに位置づけ

本稿では，６戸の契約農家のうち，５戸に対して聞き取り調査を行った。契約農家の概要及び，契約前後の状況については，**表5-6**より確認していく。まず，労働形態からみると，経営主の年齢は40代半ばから60代後半で，経営主とその妻が中心となりながら，その親世代が補助として農業に従事しているところが３戸で，夫婦のみ，経営者のみで農業に従事しているところがそれぞれ１戸という状況であった。作付けの傾向は経営により差があるが，露地アスパラガスの他，ユリネ，生食用トウモロコシ，加工用ニンジン，トマトなどの収益源となる作物を持ちながら，コムギ，ビート，トウモロコシ（加工用）などの粗放的な作物を組み入れながら輪作体系を形成している。

表 5-6　ホクトアグリサービスと契約農家と契約している農家の労働力構成と品目別作付面積

		A		B		C		D		E	
		コーン契約前（2008）	契約後（2013）	コーン契約前（2008）	契約後（2013）	コーン契約前（2008）	契約後（2013）	コーン契約前（2008）	契約後（2013）	コーン契約前（2008）	契約後（2013）
作付面積	経営面積	37ha	37ha	26ha	26ha	15ha	15ha	14.75ha	14.75ha	14.5ha	14.5ha
	とうもろこし		350a		310a		160a		110a		500a
	アスパラガス（露地）	140a	140a	200a	200a	490a	340a		100a	100a	100a
	秋コムギ	1,000a	1,000a	710a	710a		200a		220a		
	春コムギ	350a		745a	745a	500a	270a	655a			
	トウモロコシ（加工用）	380a	380a				122a	180a	320a		
	トウモロコシ（生食用）								125a		
	食用ユリネ	20a	20a	50a	50a			30a	30a		
	ビート	650a	650a					320a	340a		
	ニンジン（加工用）					400a	220a	60a			
	緑肥			395a	585a			230a		1,135a	635a
	ソバ	600a	600a								
	馬鈴薯	600a	600a								
	ダイズ			250a							
	ニンジン（生食用）			250a							
	ダイコン									150a	150a
	トマト（ハウス）									35a	35a
	ホワイトアスパラ									30a	30a
労働力	経営主－妻	52 歳－47 歳		61 歳－61 歳		67 歳		45 歳－45 歳		54 歳－43 歳	
	父－母	80 歳－76 歳						－69 歳		80 歳－80 歳	
	雇用					パート 10 名 延べ 40 日 5～6月				常雇１名 パート１名	

資料：2013 年２月聞き取り調査より作成。

とうもろこし契約前後の経営状況をみると，とうもろこしの導入に係わり，2つのパターンがみえてくる。1つめは粗放的作物からシフトして作付けする方法である。事例で言えば，秋コムギの前作として春コムギからとうもろこしに転換したA農家や，緑肥（エン麦鋤込み含む）を減らしてとうもろこしを開始したE農家がこれに当たる。このパターンでは，いずれの経営もとうもろこし栽培から収穫に至るすべての作業を委託できて手間がいらずに販売まで持って行ける簡便性を重視していた。もう一つのパターンとしては，労働力不足への対応で，労働量の削減や，作付品目間での労働力調製など主力作物への注力を理由とした転換であった。事例の中では，ダイズ・ニンジンなどからの転換がそれにあたり，ニンジン作業の負担を軽減したり，ダイズの作業量を削減して余裕が出た分をユリネ作業に注力したりといった対応が行われていた。これらの調整は，主として労働面での役割が中心であった，緑肥栽培からとうもろこし栽培に転換した事例では，販売による収益改善の狙いも含まれていた。

4）契約農家からみたとうもろこし栽培の評価

聞き取りを通した契約農家の評価をみていく。まず，収益面での評価では，ほぼすべての農家で収入的には少ないが一定の収入を安定して期待できるとの意見であった。契約を開始した頃は，単価も高く，収益的なうまみも大きかったものの，最近は収益的に10ａあたり５万円に届かないところが多く，収入面での評価は低くなっていた。一方で，労働面では，主要作業をすべてコントラクターが担うことから契約農家は一部の管理労働などを担うだけで済み，労働量の軽減に役立っていた。また，農地に対する効果として，とうもろこし栽培後に，たい肥やきゅう肥を投入することから，地力維持が期待できるとの声も多かった。具体的には，カリウムを吸い上げてくれることに加え，スイートコーンより根の張りがよく，土がこなれるとの意見が確認できた。ただし生食用や加工用のトウモロコシを生産しているD経営では，とうもろこしの栽培において，トウモロコシ種子が混じる危険性を憂慮して，それぞれの栽培地をできるだけ離して影響が出ないように配慮していた。生食用トウモロコシ，加工用トウモロコシともに，栽培品種や品質の用件を厳密にする必要がある。栽培圃場に他品種の種子が混じることや他品種の花粉が流れてくる状況を防止し続ける必要があり，飼料用以外のトウモロコシを栽培している産地では厳密な住み分けが必要不可欠であろう。

これらの内容を総合すると，とうもろこしを栽培する農家にとって，播種さえしておけば管理の手間がかからず，収穫・梱包・輸送はコントラクターが引き受けてくれるとうもろこしは使い勝手がよく，また他の輪作作物への波及効果もあることから，契約内容については，すべての農家で良好との評価であった。ただ，契約当初より取引単価が下がって10ａ当たりの粗収入が５万円に届かない現状は不満を持つ農家も多く，単価を上げてほしいという声がほとんどの農家で確認された。

第４節　まとめ

まず，安平町の事例では農業経営間の共同作業体系構築により，作業機械を所有しながら畑作における栽培作物の選択肢として機能していたといえる。細断型RB以外の機械等については元々経営が所有していた装備を流用していることが背景であるが，細断型RBを含めたとうもろこし生産から収穫，調整に至る一連の設備投資の負担の大きさを生産側にて克服する手段としては選択肢として機能すると考えられる。

また，美瑛町の事例からは，こちらも収益性の面では高い評価とはなっていなかったものの，コントラクターに収穫などの中心作業を委託しながら一定の収入になるという点で粗放的土地利用の選択肢として機能していることが明らかになった。この点からいえば，山田が指摘していたような大規模畑作における輪作の円滑化を担う作目として機能していたと考えられるが，調査事例は山田が指摘したとうもろこしを導入する合理性を持つとされる60haに満たない経営ばかりであり，経営面積が十勝地域のそれに比べて小さい段階であるにもかかわらず，十勝の大規模畑作経営の論理が発現していたことになる。これは，調査事例がいずれも基幹作物として比較的労働集約的な作物を持っていることと関係があると考えられる。つまり，ユリネやトマトなどの本事例における基幹作物はいずれも労働投入を高いレベルで求めているため，十勝地域に比べて早い段階から労働力的に均衡的な経営面積に到達しており，飼料作物に期待される手間がほとんどかからない点がより評価されたためと考えられる。

このことより，小・中規模の畑作経営においても，労働集約的な作物の導入状況によっては飼料作物導入に合理性が出てくることが示唆される。

ただし，域外への販売については明確な拡大の動きは確認できなかった。需要の掘り起こしや，価格形成機構の整備など，域外への流通拡大には，課題も多いと考えられる。

注

1）横沢他（2012）は，細断型ロールベーラにより生産された圧縮梱包飼料の長期保存能力を明らかにしている。
2）青木（2009）は，細断型ロールベーラの活用方法として，広域流通や複数材料による混合調製などを指摘している。
3）平石（2012）参照。
4）前掲平石（2012）参照。
5）天野（2007）参照。
6）十勝農業試験場（2005）参照。
7）加藤（2013），山本（2017）参照。
8）藤田ら（2012）はイアコーンの導入について，家族経営規模の酪農経営では細断型RBをはじめとする投資負担は単独では難しいと述べている。
9）山田（2015）参照。
10）前掲山本（2017）参照。
11）本事例の調査データは，2015年１月～２月にかけて行った聞き取り調査を元にしている。
12）美瑛町（2017）参照。

引用・参考文献

[１]青木康「トウモロコシサイレージの貯蔵および給与技術（〈特集〉北海道にお

ける粗飼料の自給と利用促進の取組み）」『日本草地学会誌』Vol.55 No.1，2009年，pp.69-72
［２］天野哲郎「新たな農業政策下における畑作経営の展開と課題」『北海道農業経済研究』第13巻第２号，2007年，pp.20-39
［３］加藤祐子「北海道美瑛町でのイアコーン栽培の取り組み」『農業経営者』，2013年
［４］十勝農業試験場「畑作酪農間における飼料作物の栽培受委託の経営評価と成立要件」2005年
［５］平石学「大規模畑作・野菜作農業における大規模経営の展開と適正規模」『農業経営研究』第49巻第４号，2012年，pp.21-30
［６］広島県畜産振興協議会「耕畜連携による水田を活用した飼料生産の取組み～中山間地域における持続的な仕組みづくりに向けて～」，2013年
［７］藤田直聡・山田洋文・大下友子・久保田哲史「国産濃厚飼料イアコーンの酪農経営への普及条件―北海道における現地実証試験を踏まえて―」『農業普及研究』第17巻第２号，2012年，pp.55-67
［８］古川研治「十勝地域におけるサイレージ用トウモロコシの耕畜連携生産の事例と課題」『北草研報』43号，2013年，pp18-20
［９］山田洋文「「イアコーン」生産・利用拡大の可能性：経済性評価をとおした検討（ワークショップ　飼料用トウモロコシの栽培利用拡大の取組と今後の技術開発の方向性）」『北海道畜産草地学会報 Hokkaido journal of livestock and grassland science』３，2015年，pp79-81
［10］山田洋文・原仁「畑作経営における飼料用とうもろこし栽培受託の経済性と土地利用に与える影響に関する研究」『フロンティア農業経済研究』18巻１号，2015年，pp.54-60
［11］山本正浩「畑作経営におけるイアコーン生産と耕畜連携」『農家の友』69巻２号，2017年，pp.76-78
［12］横澤将「自給飼料を多用した発酵TMR飼料の調製と特性」『群馬県畜産試験場研究報告』19，2012年，pp.71-87
［13］美瑛町「美瑛の農業2017」http://town.biei.hokkaido.jp/files/00000100/00000119/20170418092413.pdf

（吉岡　徹）

第6章

東北地域における自給飼料調製の大変革と酪農経営の構造変動

―細断ロールサイレージ調製の伸展―

第1節　課題

東北地域は，全国の農業地域の中で北海道に次ぐ酪農家数，飼料作面積を有する。しかし，農業生産額においては，東北全体では米，野菜，果物，鶏，豚などの生産額に比べて少なく，あまり注目されることがなかった。しかし，地区によっては中山間地域の基幹作目として土地利用型酪農は重要な役割を果たしている。

東北地域においても，北海道と同様，酪農戸数，飼養頭数ともに1970年代以降減少しているものの，1戸当たり飼養頭数は増加してきた。しかし，規模拡大に伴う乳牛飼養管理作業の増加と季節性を伴う粗飼料生産作業の競合が懸念され，その対応策として作業の共同化，外部化が1990年代後半において指摘されてきた[1)]。

すでに北海道においては，自給飼料の生産および飼料生産の組織化が急速な展開を見せているが，東北での自給飼料生産がどのような段階にあるのか，また，酪農経営の構造がどのように変化しているのか検証する必要がある。近年，東北地域においても細断型ロールベーラによる自給飼料調製の事例が見られるようになってきた[2)]。

そこで，東北最大の酪農地帯である岩手県北部に位置する葛巻町の自給飼料生産を通して，東北酪農の現在の姿を明らかにする。葛巻町では，町が補助金を出してとうもろこしの細断ロールサイレージ調製を推進し，自給飼料の生産構造が大きく変わろうとしている。細断ロールサイレージの普及が葛巻酪農の生産構造をどのように変えてきているのか明らかにする。

第2節　東北酪農の位置と経営規模

東北地域の酪農は，水田との結びつきが強く，昭和30年代前半（1955年後半）の土地利用型酪農の類型区分として，水田酪農（宮城，秋田，山形の各県），水田畑作酪農（青森，宮城，山形の各県），水田草地酪農（秋田県），複合畑作酪農（福島県）として類型区分（県により複数）が行われていた。これに対し，岩手県は山地自給畑作酪農として他県とは違った位置にあった[3)]。その姿は60年を経て大きく変貌しているものの，土地利用に規定された酪農の性格は現在も残存しているものと思われる。

現在の東北地域の酪農家数は2,510戸と北海道の6,440戸に次ぐ全国２位の位置にある（農林水産省「畜産統計」2016年）。北海道と対比して経営規模別農家数を見たのが**図6-1**である。北海道では成牛50～79頭規模以上が68％を占め，大規模層に大きくシフトしているのに対し，東北は１～19頭が最も多く，30～49頭以下の比率が87％と北海道と対照的であり，小規模酪農が展開している。

一方，飼料作物作付面積は農家数と同様，北海道に次いで全国で２番目に多いものの，北海道の41万７千haに比べ東北は２万８千haと6.7％でしかない。そのため，１戸当たり面積（子畜のみ飼養農家は外す）は，１～19頭層において北海道27.9haに対し東北4.1haで15％の水準，20～29頭層では30％の水準

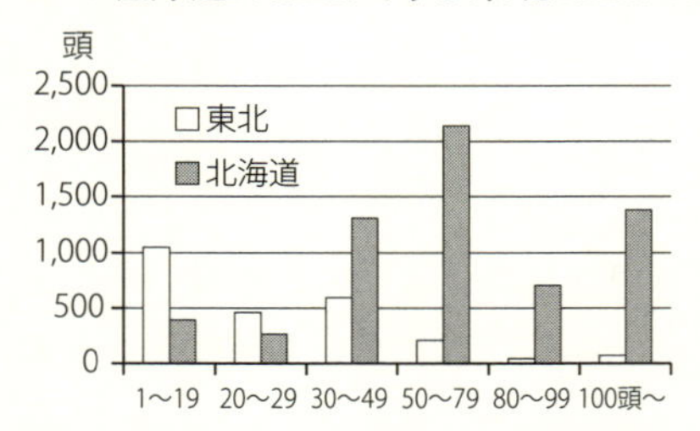

図6-1　東北，北海道の成畜飼養頭数規模別農家数

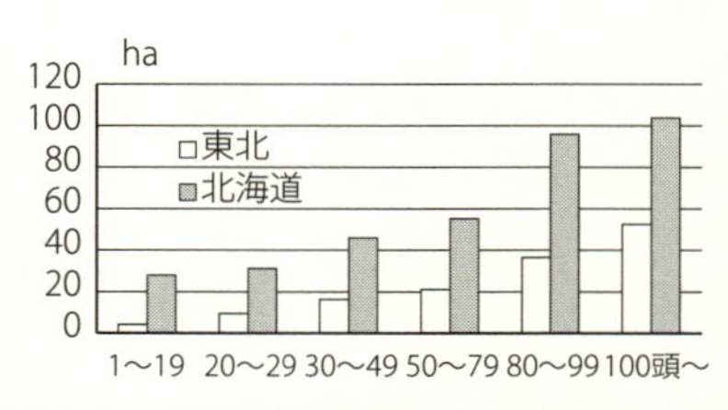

図6-2　成牛規模別1戸当飼料作面積

資料：「畜産統計」（2016.2.1調査）

(31.2ha対9.4ha)，30～49頭層では35％の水準（46ha対16.2ha)，50～79頭層では38％の水準（55.1ha対21.2ha)，80～99頭層では38％の水準（95.9ha対36.4ha)，100頭以上層では51％の水準（104ha対52.6ha）と小規模層ほど北海道と東北の面積格差は大きくなっている。

こうした東北における小規模酪農がどのような酪農を展開しているのか，葛巻町を対象に経営調査とアンケート調査を2013年と2014年に行った[4)]。

第3節　葛巻町酪農の現状と飼料価格高騰への対応

葛巻町は岩手県北部に位置し，人口は7,137人（2013年４月），農家人口2,149人（2010年）で農業，林業が主な産業である。農家戸数は560戸，うち専業農家は200戸，経営耕地面積は2,351ha，うち田293ha，畑2,053ha，樹園地５haである（2010年)。酪農家戸数は158戸，乳牛頭数は7,042頭，生乳生産量は35,833ｔ（2013年）である。葛巻町での酪農の歴史は古く，明治25年(1892年）に葛巻村，江刈村に盛岡市とともに岩手県で最初に乳牛が導入されている。昭和28，29年（1953，54年）の冷害および昭和30年（1955年）に葛巻町が岩手山麓集約酪農地域に指定されたことで，乳牛頭数，飼養戸数および青刈とうもろこしの栽培面積が急速に増加している。さらに昭和50年(1975年）には北上山系開発事業の開始とともに，昭和51年（1976年）には葛巻町畜産開発公社が設立され酪農の振興を牽引した。これらの要因により昭和31年（1956年）に3,200ｔであった生乳生産量は，平成３年（1991年）には３万5,815万ｔへ10倍以上になっている[5)]。

葛巻町では葛巻町畜産開発公社が農業のみならず，風力発電，バイオガスプラントなどの環境・エネルギー産業振興にも積極的に取り組んできた[6)]。

東北最大の酪農地帯である葛巻町も，2007～08年の世界食糧同時危機における飼料価格高騰とその後の飼料価格の高値安定の影響を受けてきた。**表6-1**は本章の調査農家19戸のうち飼料価格高騰へ対応した11戸の取り組みをみたものである。最も多いのがとうもろこし面積の増加で，続いて牧草地面

表 6-1　飼料価格高騰への対応

階層	農家	年次	とうもろこし面積	牧草面積	飼養頭数減	配合飼料変更	その他
I	1	2007	3ha 増	3ha 増		取引先：K 社→M 社	
	2	2009	2ha 増				
	3	2010		5ha 増		取引先：J 社→H 社	
	4	2007	2ha 増			取引先：K 社→M 社	
II	7						生活費切り詰め
	11		増加				
	12	2007	1ha 増	5ha 増		配合減：10→8kg	生活費切り詰め
III	14	2009		3ha 増	経産 35→30 育成 20→15	配合製品変更	生活費切り詰め
	15	2007				配合製品変更	
	16	2010	1.3ha 増				
IV	18	2008		1ha 増	経産 20→16		

注：聞き取り調査（2013 年）による。

積の増加である。その他，配合飼料会社の変更，配合飼料商品の変更，飼養頭数の減少，生活費の切り詰めなどの対応が行われている。

こうした自給飼料強化の取り組みは，葛巻町での農地保全の取り組みにも表れている。葛巻町農業委員会は，耕作放棄地解消に積極的に取り組んできたことが評価され，2013年度における全国農業会議所の第５回耕作放棄地発生防止・解消活動表彰で農林大臣賞（最優秀賞）を受賞している[7)]。

葛巻町は典型的な中山間地域であるため，酪農家は主要幹線道路沿いに分布する。多くは，国道340号線沿いにあり，葛巻町南東部にある岩泉町に抜ける沿線の江刈地区と北部にある九戸村に抜ける沿線の星野地区および西部にある岩手町に抜ける国道281号線沿いにある小屋瀬地区などに点在している。

第４節　葛巻町における自給飼料振興事業

1）細断ロール調製補助事業の展開

葛巻町役場は，一層の自給飼料生産の振興を図るため2010年度から「自給飼料生産拡大モデル事業」を実施している。この事業は，細断型ロールベーラによる青刈りとうもろこしの調製作業をコントラクター会社（北海道）に委託した場合，補助金が支払われる仕組みである。10年度は細断ロール１個当たり700円，11年度は700円，12年度以降は350円が支払われた。その結果，10年度の申請者は21戸，事業額（補助額）159万円，11年度は，25人，208万円，12年度は32戸，127万円，13年度は37戸，135万円，14年度41戸，191万円と，12年度以降補助金が半額になったものの，申請者は開始年度に比べ倍増している。同時に，とうもろこしの細断ロール調製面積および調製戸数は**図6-3**に見るように2010年度の51.1ha，2,272個から14年度には，95.6ha，5,555個と急増している。

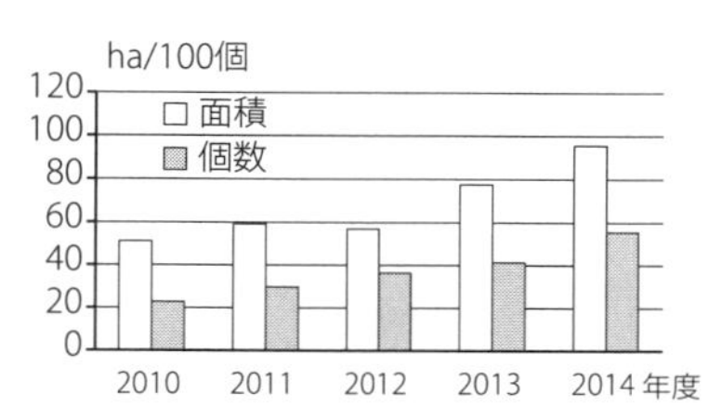

図6-3　葛巻町における細断ロール調製実績

資料：葛巻町役場

2）補助事業参加農家の位置

これらの補助事業参加農家は，町内でどのような位置にあるのであろうか。**表6-2**は12年度における酪農家（乳牛育成農家を含む）の牧草ととうもろこ

表 6-2　葛巻町酪農家の牧草面積ととうもろこし面積の関係

(a)

		とうもろこし面積									
		0	～99	100～	200～	300～	400～	500～	750～	1,000～	計
牧草面積	0	3	－	－	－	－	－	1	1		5
	～249	4	17	12	2		2	1			38
	250～	3	6	18①	5	4		2①	1		39②
	500～	－	1	6①	6	9	3	2①			27②
	750～	1		1	3	2①		3	2①		12②
	1,000～	4	1	2①	3	10③	7⑤	11⑦	5③		43⑲
	2,000～	5		1	2	1		1	1		11
	3,000～	1					1			1	3
	4,000～	－							1①		1①
	5,000～	2									2
	計	23	25	40③	21	26④	13⑤	21⑨	11⑤	1	181㉖

資料：葛巻町役場資料より作成。
注：丸数字は，補助事業参加農家戸数を表す。

しの栽培面積の関係およびモデル事業参加農家の位置を見たものである。両者の関係を見ると，牧草面積が大きいほどとうもろこし面積も大きくなる傾向にある。一方，「モデル事業」参加農家は，表の丸の数値で示したが，牧草面積10ha以上およびとうもろこし面積３ha以上で多く分布しており，町内での大規模農家層に位置していることがわかる。モデル事業実施によって葛巻町酪農の経営構造がどのように変化しているのか，具体的には第一に労働力，農地，乳牛，建物などの生産手段など投入（インプッツ）がどのように変化しているのか，第二に作業工程（プロセス）がどのように変化したのか，その結果，第三に産出（アウトプッツ），特に労働時間や自給飼料生産物にどのような影響を与えたのか検証した。

第５節　葛巻町酪農の経営構造

１）葛巻町酪農家の経営概況（投入の状況）

2012年度の「モデル事業」に参加した農家32戸の中から19戸（うちNo.19は肉牛農家）について経営調査を行った（2013年１月，４月）。さらに，事業参加農家へのアンケート調査を行った（2014年３月）。経営調査農家の経営概況を示したのが**表6-3**である。経産牛頭数規模によって，Ⅰ～Ⅳ階層に区分した（Ⅰ階層経産牛50頭以上，Ⅱ階層40～49頭，Ⅲ階層20～39頭，Ⅳ階層20頭以下）。ただし，経産牛40～60頭の農家が11戸と18戸全体の６割を占めていることから，調査農家は均質な農家が多いといえよう。

（１）農地と労働力の状況

農地の特徴は所有地よりも借入地が多いことである。調査農家平均では，所有地7.8ha，借入地11.5haである。そのため，農地は分散しており，調査農家平均では6.9団地になっている。江刈地区で営農するNo.11は，「この地区は山と山に囲まれてもともと農地が少なかった。分家を出すことで農地が細かくなった」と零細分散が歴史的に進行した背景を説明している。団地数が

表 6-3　調査農家の経営概況

階層	番号	乳用牛(頭)		農地(ha)			土地利用(ha)		労働力（歳）				ヘルパー利用(月)
		経産	育成	所有	借入地	団地数	牧草	とうもろこし	主－妻	父－母	後継者－嫁／他	労働力数	
I	1	80	65	2	31	4	25	8	45-41	77(0.3)-74(0.2)	雇 29	3.5	2
	2	59	50	11.2	12	6	14	7	44-46		22-22(0)	3.0	2～3
	3	56	35	7	15	4	18	4	50-50	78(0.5)-75(0.5)		3.0	
	4	50	46	6	12	25	4	7	45-41(0)	76-73		3.0	2
	5	50	43	22.3	13	2	15	6.5	58-57	83(0.5)-82(0)	31,26	4.5	1
	6	50	30	15	10	10	10	5	67-66		35	3.0	2
II	7	48	35	16	0	6	10	6	46-45	74(0.5)-70(0.5)		3.0	
	8	48	20	4.5	19	8	17	6.5	51-51(0)		21	2.0	
	9	45	30	4.5	13	8	13	6	65-64(0)	84(0)-	38-36(0.8)	2.8	
	10	42	30	10.4	6.5	7	8.23	5	59-59		32(0.1）-32(0.2)	2.3	1
	11	41	26	3	7	8	4	6	56-52(0)	80(0.5)-78(0.5)		2.0	1
	12	40	20	4	13	6	14	3	49-47	83（0.5）-82(0)		2.5	
III	13	36	15	15	35	7	45	5	63-60	88(0)-	38(0)/雇 55	3.0	1～2
	14	33	19	3.5	16	8	16	3	43-44	-64		3.0	2
	15	31	19	9.5	0.5	7	6	3	51-51	-77(0)		2.0	
	16	29	10	2.9	11	6	10.5	3.3	43-41(0)	-62(0)		1.0	
IV	17	19	6	3	4.2	5	4.5	2	56-54	-79(0.1)	27（0.2）	2.3	4
	18	16	8	5.2	1.3	2	4.7	1.7	62-58			2.0	
	19	0	0	3.6	0	2	1.5	0.7	78-76(0)			1.0	
平均		42.9	28.2	7.8	11.5	6.9	12.6	4.7				2.6	

注：聞き取り調査（2013）による。労働力の（　）は，世帯主の労働力を1.0とした時の労働力換算である。

25と最も多いNo.4は12戸から借地している。「平成10年から増えてきた。離農農家や高齢農家によるものである。人が居なくなって誰も土地にしがみ付くことはなくなった。昔は10ａでも借りたが，今は50ａないと借りない。また，クロ（畦）を取り払う条件で借りている。農地を選べる状況にあり，傾斜のきついところは借りないようにしている。平な所は元水田（転作畑）が多い。借地料は５千円に下がったものの，転作奨励金（３万５千円）はヤミの場合は所有者に行く。農業委員会を通せば自分に来るため，５千円を上積みして１万円を支払っても御釣りが来る。」として借り手市場になっていることが伺える。また，作付けについては，「水田所有者からは，デントコーンを作ると土の質が落ちるとの評価から飼料稲（WBS）の作付け要望があるものの，WBSよりもデントコーンサイレージを作ったほうが酪農家にとっては飼料としての利用価値がある。」として飼料用とうもろこしの栽培が行われている。

団地数が10と次に多いNo.6は，「13人から借地している。20％が転作畑で，80％が普通畑である。借地は，転作畑は30年前頃から，普通畑は２～３年ほど前から年々増えてきている。自分が管理できる農地は限界にきている。辰鼻（たつはな）地区27戸のうち，専業農家は自分だけである。子供たちは村外に出ており在宅離農が多い。」と離農が農地の分散を招いていると危機感を持っている。

調査農家の土地利用（平均）は，牧草が12.6ha，飼料用とうもろこしが4.7haで両者を合わせると17.3haであり，経営耕地面積（平均）19.3haのほとんどを占めている。そのほか，わずかに水稲が６戸の農家でそれぞれ10a前後栽培されている。放牧地は３戸が所有しているが，わずかである。

労働力については，14戸が２世代就業であるが，父母の世代は70代，80代が多く高齢化している。世帯主の年齢を見ると，40代７戸，50代７戸，60代４戸，70代１戸（肉牛農家）となっている。20～30代の後継者が居る農家は，８戸と半数以下である。その結果，世帯主の労働力を1.0とした労働力数は，Ⅰ階層は3.0を超えているが，他は3.0以下である。その他，10戸が酪農ヘルパーの利用を行っている。

表6-4　主要建物の概要

階層	番号	成牛舎				育成舎			
		建設	建坪	構造	価額（補助）	建設	建坪	構造	価額（補助）
I	1	H12	540	木	1億(7,000)	H23	300	木	2,300(700)
	2	S52・H13	78・46	木	2,000・?	S44	28	木	?
	3	S60・H13	150・60	ブ	?・?	S40	80	ブ	?
	4	H3	498	木	5,000(2,500)	H18	150	鉄	450
	5	S52・H1	?・?		2,000(1,540)・1,200				
	6	?	?	木	1,600				
II	7	S50	?	木	1,000	H20	?	木	500
	8	H4		木	4,800				
	9	H11	516	木	2,400(200)	S53	200	木・ブ	900
	10	S56	360	木	1,191	H16	60	D	864
	11	H8	?	木	2,180				
	12	S45・H6	132・191	木・鉄	400・1,000				
III	13	H10	?	?	1億2千(3,600)	H10	?	?	成牛舎込
	14	H11	473	木	6,400(4,480)				
	15	H2	80	木・鉄	9,416	H4	24		36
	16	H14	?	?	2,300	S55	?	?	?
IV	17	S57	?	木	700				
	18	H10	42	木	200				
	19	S35	30	ブ	?(150)				

注：聞き取り調査（2013年）による。ここでは年数を元号表示とした。

（2）建物と機械の所有状況

建物の状況を見たのが**表6-4**である。成牛舎１～２棟のほか，育成舎，機械庫，屋根付堆肥舎である。成牛舎を２棟所有している４戸は，昭和年代と平成年代の建築であり，他は昭和年代４戸，平成元年～９年が４戸，10～19年が６戸で平成20年以降の建築はない。平成年代の建物の中には，５千万円を超える建物が多く，うち２戸は１億円を超えている。一方，No.18は200万円をかけて自分で建設している。育成舎は10戸が，機械庫は12戸がそれぞれ所有しており，多くは１千万円以下で建築している。屋根付堆肥舎は全ての農家が所有しており，500～１千万円で建設しているが，多くが補助金を受けている。

農業機械については，**表6-5**に示すとおり，トラクターが２～３台，ダンプトラックなどの自走機と，土壌・肥培管理機，とうもろこし栽培管理機，牧草調製機，糞尿処理機などの付属機が多くの農家で所有されている。この中で，とうもろこし栽培管理機の共同所有戸数は，コーンプランター（播種

(m³・万円)

機械庫				屋根付堆肥場			
建設	建坪	構造	価額（補助）	建設	建坪	構造	価額（補助）
H12	?	鉄	400(700)	S60	?	木・鉄	400(7,000)
H3	40	鉄	400	H17	80	木	860(330)
S55	100	木	?	H13	40	木・鉄	?
乾H3	80	木	?	堆H13			500(250)
				H16	250		600(200)
H14	?	木	?	H17	?	D	600(200)
S52	?	木	?	H1・4	?	鉄	1,000(300) 800(200)
				?	?	?	?
				H15	60	?	1,100
				H16	324		666
				H14	?	木・鉄	1,000(500)
H3	79	鉄	180	H16	278	木	750(375)
				H12・13	50・72		600・600
H2	50	木	10	H11・20	180・102	木・鉄	500(375)・200(100)
H16・23	48・66	木・鉄	289・380	H2	120		550
S56	?	?	?	H14・16	?	?	400・400
H10	30	木	80	H10・18	50・30	木・パイプ	160(80)・220(70)
				H16	30	木	200
S63・S40	35・18	木	350・100				

表 6-5　機械の所有状況

階層	農家番号	動力・運搬					土壌・肥培管理					とうもろこし管理			牧草収穫・調製						ふん尿処理	
		トラクター　馬力	フロントローダ	ダンプ　t	トラック　t	軽トラックt	プラウ	ディスクハロー	ローラ	ブロードキャスタ	ライムソア	コーンプランタ	スプレヤー	コーンハーベスタ	モア・モアコン	テッダー	レーキ	ブロアー	ラッピングM	ロールグリッパ	バキュームカー	マニュアスプレッダー
I	1	3 台/100,82,55	○	4		2	○			○		共 2	共 2	共 2·2 条		○	○		○	○	○	○
	2	2 台/126,100	○	2		○	○	○		○		○	共 2	共 2·2 条	○	共 2	共 2		共	○	○	
	3	3 台/79,90,85	○	4		○	○			○		○	○	○2 条	○	○	○		○	○	○	○
	4	4 台/100,79,80	○		2		○	共	共	○	○	○		○2 条	○	○	共 2		共 2	○	○	○
	5	2 台/43,30	○	2			○	○	共	○		○	共	○2 条		共	○		○		○	○
	6	3 台/120,85,60	○	2・2		○	○	共 3	共 10	○		共 4	○	共 3·2 条	○	○	共 3	共 2	共 3	○	共 2	○
II	7	3 台/100,90,39	○		2		○			○	共 2	○	共 2	共 3·2 条	○	○	○		○	○	○	○
	8	4 台/105,88,79,49		2	1		○	○	共 10	○	共 2	○	○	○2 条	○	○	○		○	○	○	○
	9	2 台/88,50	○		2	○	○	○		○		共 2	共 2	共 2·2 条	共 3	共 3			共 3		共 3	○
	10	2 台/105,101	○	2		○		共 2	共 10	○		共 3	共 3	共 2·2 条	○	○	○	共 2	○	○	共 2	○
	11	2 台/110,80		2		○	○	○	共 8	○	○	○	○	○2 条	○	○	○		○		○	○
	12	3 台/33,30,25	○	2		○	○		○	○		共 2	○	○1 条	○	○	○		○	○	○	○
III	13	2 台/86,60	○	4	2				○	○			○	○2 条	○	○	○		○	○		○
	14	2 台/105,85		2			○			共 2	○	○	共 4	共 2·2 条	○	共 2	○		共 2	共 2	○	○
	15	3 台/105,79,75	○	2	4		○		○	○	○	共 2	○	○2 条	○	○	○		○	○	○	○
	16	2 台/85,62	○	2			○			○	○	共 2		共 2·2 条	○	○	共 3			○		○
IV	17	3 台/80,75,30	○	2		2 台				○			○	○2 条	○	○	○		共 2	○	○	○
	18	2 台/90,79	○			○	○			○				○1 条	○	○			○	○	○	
	19	4 台/88,85,60,49				○	○	○		○					○							○

注：聞き取り調査による（2013）。共は共同の略で数字は戸数。

機）7戸，スプレヤ（防除機）7戸，コーンハーベスタ（収穫機）8戸である。

2）自給飼料生産（生産工程）の状況

（1）飼料とうもろこし収穫・調製作業主体の変化

葛巻町におけるとうもろこしの収穫・調製作業は，もともと各集落で共同作業が行われてきた。それが酪農家数の減少と農家の高齢化によって共同作業は解消されてきた。そこで，雇用確保が困難なこともあって，経費はかかるものの，外部組織への作業委託が検討され始めた。No.13農家は，Kコントラクター会社による細断ロール調製作業の試験を2010年に行い，その結果が良かったことから「農作業の改革だということで，この作業体系を全町に広げようと町長に進言し，補助金を付けてもらった」ことで，2010年度からコントラクター（コントラで略）による細断ロール調製の受託作業が始まった。ただし，コントラは細断ロールサイレージ調製作業だけではなく，要望があれば自走式ハーベスタによる刈取り作業も行う。その際，とうもろこしの芯や子実を細かく砕くコーンクラッシャーという付属機を備えていることから，とうもろこしの消化率を高めることで委託作業の評価が高まった。

細断ロールサーレージ受託事業の開始によって，とうもろこし調製作業が従来のサイロ貯蔵（家族ないしは共同作業）に加え新たに細断ロール貯蔵（コントラ・家族作業）が出現し二つのタイプに分離したことである。ただし，収穫・調製作業が明確に家族・共同とコントラに分かれるのではなく，基本的にはコントラ業者はとうもろこしの刈取りと成形・被覆について行い，細断ロールサイレージの運搬，あるいは事例としては少ないが収穫したとうもろこしの運搬を家族や共同で行っているケースもある。また，酪農家によっては刈取りを自分で行う場合もある。これはコントラ側に労力的な余裕がないこと，一方農家側ではできるだけ支払い料金を少なくしたいという思惑があるためである。

しかし，**表6-6**にみるように階層間で家族及び共同作業の面積（家族・共

表 6-6　とうもろこしサイレージの貯蔵比率と作業主体別面積

（a，%）

階層	番号	作業主体別面積(a)		圃場の数		貯蔵比率(%)				サイロ建設年次
		家族・共同	コントラ	家族・共同	コントラ	バンカー	タワー	スタック	細断R	
I	1	150	650	5	30	40		40	20	B2011
	2	300	400	?	?	40			60	B77,80
	3	110	290	5	10			TR25	75	
	4	100	600	2	15	80			20	B91,10
	5	250	400	5	1	30			70	B77
	6	0	500	0	5			10	90	
II	7	500	100	6	1			80	20	
	8	200	450	3	10	堆 40			60	
	9	200	400	4	3		33	33	33	T72
	10	300	200	6	3		60		40	T99
	11	400	200	3	1			65	35	
	12	0	300	0	7				100	
III	13	200	300	3	2	50			50	B87
	14	100	200	7	5			TR30	70	
	15	0	300	0	6				100	
	16	297	33	3	1	40		50	10	B75
IV	17	0	200	0	4			60	40	
	18	80	90	4	2			45	55	
	19	0	70	0	4			10	90	
全平均		168	299	3.1	6.1	18	5	21	55	
I 階層		152	473	3.4	12.2	36		8	56	
II 階層		267	275	3.7	4.2	7	15	30	48	
III 階層		149	208	3.3	3.5	22		20	58	
IV階層		27	120	1.3	3.3			38	62	

注：聞き取り調査（2013 年）による。B はバンカーサイロ，T はタワーサイロ，No.3，No.14 の TR はトレンチサイロである。No.8 の堆は屋根付堆肥盤。

同面積）とコントラによる作業面積（コントラ面積）は大きく異なる。Ⅰ階層では家族・共同面積が152 a，コントラ面積が473 a であるのに対し，Ⅱ階層では267 a と275 a で拮抗している。他の階層ではコントラ面積が多くなっている。この面積比率を反映して，とうもろこしサイレージの貯蔵比率は，Ⅱ階層で細断ロールの比重が48%と低いものの，他階層は60%前後になっている。サイロ貯蔵においては，Ⅰ階層ではバンカーサイロ貯蔵，Ⅱ，Ⅳ階層ではスタックサイロ貯蔵が多く見られる。

これらの比率の違いの背景には，労働力の状況，作業効率，ハーベスタの所有状況，サイレージの品質評価などがある。No.19（肉牛農家，78歳）は，高齢化のため，とうもろこし収穫・調製作業の全てをコントラに委託している（**図6-4**）。No.2は，「2009年にバンカーを建設したが，それまでは全てスタックサイロであった。しかし，機械で取り出す時には泥だらけになった。また，被覆ビニールに穴が開いたところから腐った部分は，両親が手で取ってくれたが高齢化に備えてラップ（細断ロール）に変えた。バンカーサイロも7，8月は二次発酵するため，細断ロール調製に変えた」とサイロ貯蔵の変化の理由を述べている。No.9は，サイロによる作業効率の違いをあげている。タワーサイロ用の2haは共同作業で行う。4haについては，収穫作業をコントラに委託しているが，そのうち2haは細断ロールサイレージ，2haはスタックサイレージを調製している。その理由として，「細断ロール調製作業は能率が落ちるため，並行して家族でスタックサイレージの調製作業を行う」，そのことでサイレージの調製比率は，タワー，スタック，細断ロールにそれぞれ3等分になっている。

図6-4　No.19農家牛舎横に並べられた細断ロール

（2）農地の状況とコントラ委託

さらに，コントラ委託によるサイレージ調製を制限する理由として農地の状態がある。第一は，借地が多いことによる農地の分散である。さらに同じ団地であっても圃場数の多さにある。**表6-6**から各階層の圃場数をみると，家族・共同作業の圃場数はⅠ～Ⅲ階層で3～4枚であり，またコントラ主体作業の圃場数もⅡ～Ⅳ階層が3～4枚であるのに，コントラ主体作業のⅠ階層は12.2枚と極端に多い。そのため牛舎から離れた農地での作業をコントラに委託する傾向にある。葛巻地区で営農しているNo.7は，「葛巻地区で営農しているが，借地が8km離れた江刈地区にあるまとまった1haの農地はコントラに任せてある」としている。

第二に圃場の条件によって，コントラの作業委託にするのか家族・共同で作業を行うか選択される。No.3は，「コントラには離れた農地を委託している。

自走式ハーベスタが入れない圃場や橋があって幅や重量がオーバーする場合は自分で行う」。No.4は,「自走式ハーベスタが入れない入り口の狭い圃場（1ha）は自分で行う」。No.9は,「傾斜はきついが，コントラの大型機械は大丈夫である。しかも面積は1.5ha，0.5ha，0.5haと大きい」。No.14は，家族作業で1ha（圃場7枚），コントラ主体作業で2ha（同5枚）あるが,「家族作業のうち2枚はコントラが入れない圃場である」。No.18は，「大型機械が入りやすい圃場をお願いしている」。No.19は，「家の周りにある80aの4枚の圃場は，道路に囲まれているためコントラ委託が可能である」。

以上のように離れ地や圃場区画が大きい圃場や道路沿いにある場合はコントラに委託されるものの，大型機械の圃場へのアクセスが難しい場合や，区画の小さい圃場は，家族，共同で管理せざるを得なくなっている。

3）細断ロール事業の作業への影響（生産工程の変化）

（1）とうもろこし栽培の作業内容と時間

とうもろこし栽培の中で，収穫・調製作業がどのような位置にあるのか見てみる。**表6-7**は，調査農家のすべての作業工程の時間を見たものであるが（一部不明の箇所がある），全作業時間は，多くは200～500時間の範囲にある。その中で，収穫・調製作業は100～200時間であり，その比率を見るとⅠ，Ⅱ，Ⅲ階層の平均で40～44％であり，全作業の中で最も大きな割合となっている。したがって，収穫・調製時間の削減が農家にとって重要な関心事となっている。

（2）作業主体の類型区分

すでに細断型ロールベーラ導入によって，とうもろこしサイレージの貯蔵形態が変化することで，収穫・調製作業主体が大きく家族・共同とコントラに分化したことを明らかにしたが，作業担当を細かく見て収穫・調製主体を類型化したのが**表6-8**である。基本的な作業分担は，サイロに詰め込むサイレージ作業の場合は，主に家族・共同作業で行う。一方，細断ロールサイレ

表 6-7　とうもろこし栽培の作業時間

階層	番号	面積(ha)	作業内容(時間)									
			耕起	砕土	整地	播種	除草	防除	堆肥散布	収穫調製①	合計②	①/②
I	1	8	120	24	48	24	24	24	120	166	550	30%
	2	7	60	60	60	6	24		80	165	455	36%
	3	4	20	20	20	20	16		20	120	236	51%
	4	7	24	16	8	16	8		35	210	317	66%
	5	6.5	20	20	20	20	15		8	165	268	62%
	6	5	24	24		8	32	32	112	72	304	24%
II	7	6	63	63	63	15	28		70	117	419	28%
	8	6.5	24	15	24	12	12	12	70	84	253	33%
	9	6	24	16	8	12	16		40	120	236	51%
	10	5	20	12	16	16	40		50	104	258	40%
	11	6	30		18	18	24		60	236	386	61%
	12	3	14	18	18	8	24	6	72	32	192	17%
III	13	5	15	21	21	14	10	12	48	154	295	52%
	14	3	12	24		12		12	42	126	228	55%
	15	3	18	12		8	12		40	16	106	15%
	16	3.3	72		72	11	6		22	108	291	37%
IV	17	2	16	24	24	5	112	5	56	51	293	17%
	18	1.7	14	12	8	8	8		80	60	190	32%
	19	0.7	64	9	9	6	6	8	6	8	116	7%
I	平均	6.3								150	355	42%
II	平均	5.5								116	291	40%
III	平均	3.5								101	230	44%
IV	平均	1.5								40	200	20%

注：聞き取り調査（2013 年）による。

表 6-8　とうもろこし作業主体の類型区分

作業主体類型	サイロサイレージ作業			細断ロールサイレージ作業			対象農家
	刈取	運搬	収納	刈取	成形・被覆	ロール運搬	
家族・共同主体型	家族・共同	家族・共同	家族・共同	家族・共同	コントラ	家族・共同	2，5，14，16
混合型	共同	共同	共同	コントラ	コントラ	共同	3，4，7，8，10，11，13，18
	コ・共	共同	共同	コントラ	コントラ	共同	1，9
	コントラ	家族	家族	コントラ	コントラ	家族	6
コントラ主体型	―	―	―	コントラ	コントラ	家族	12，15，17，19

ージ作業の場合は，コントラが行うが，ロールの運搬は家族・共同で行っている。そこで，とうもろこし収穫・調製作業の作業主体の比重によって，家族・共同主体型，コントラ主体型，そして両者の中間である混合型に区分される。

家族・共同主体型においては，全ての作業を家族か共同作業に参加する他の家族が担当する。細断ロールサイレージ調製を行う場合は，刈取りは家族・共同が行ったあと，細断ロールの成形・被覆はコントラが行い，出来た細断ロールを家族か共同で運搬する。一方，混合型では，サイロサイレージのための刈取りは，コントラか一部を家族・共同で行い，細断ロールのための刈取り作業はコントラが行う。コント主体型ではサイロサイレージの調製作業は行わず，細断ロールサイレージの調製作業のみである。家族は，細断ロールの運搬を手伝う。コントラ主体型では頭数規模の小さな農家が多い。

（3）とうもろこし調製作業時間の比較

細断ロール調製が新たに入ってきたことで，酪農家の収穫・調製作業がどのように変化したのか，具体的にとうもろこしの収穫，作業工程を見たのが**表6-9**である。まず，サイロサイレージの作業工程は，コーンハーベスタによる刈取り～ダンプトラックによる運搬～バンカーサイロないしはスタックサイロでの鎮圧作業（同時に添加剤散布）が行われる。ただし，作業時間は，家族で行う場合と共同の組作業で行う場合とでは大きく違ってくる。家族・共同主体型のNo.5はサイロサイレージの全作業を２日間（１日８時間）で10人の組作業によって計42時間で行う。同様に，家族のみで行う混合型の

表6-9　とうもろこしサイレージ調製作業の作業主体別作業工程と人員

貯蔵類型	作業工程	家族・共同主体型（No.5）		混合型（No.11）	
		機械	人員	機械	人員
サイロサイレージ	刈取り	コーンH・2条2台，3条1台	3人	コーンH・2条1台	1人
	運搬	ダンプ3台	3人	2トンダンプ2台	2人
	鎮圧	トラクター2台	2人	トラクター1台	1人
	添加剤散布		2人		1人
	面積・時間	2.5ha・42時間（2日）	10人	4ha・200時間（5日）	5人
細断ロールサイレージ	刈取り	コーンH・2条2台，3条1台	3人	自走式H	1人
	成形・梱包	細断型RB	1人	細断型RB	1人
	積込	トラクタ	1人	トラクター1台	1人
	運搬	ダンプ3台	3人		
	積降	トラクター	1人		
	面積・時間	4ha・123時間（2日）	9人	2ha・36時間（1日）	3人

注：聞き取り調査（2013年）による。

No.11は，サイロサイレージの全作業（４ha）を５人で５日間（１日８時間），計200時間で行う。

一方，細断ロールサイレージの作業工程は，自走式ハーベスタによる刈取り～細断型ロールベーラによる成形・被覆～トラクターによる細断ロールの積込み～ダンプトラックによる運搬～トラクターによる積み降し，である。

No.5は，細断ロールサイレージの成形・被覆作業のみをコントラが行い，刈取りなど他作業は共同で行う。作業時間は123時間（４haの面積）である。一方，No.11は，コントラが高性能の自走式ハーベスタを使って刈り取りを行い，続いて細断ロールの成形・被覆を行う。その後，細断ロールの運搬は家族が行うが，作業時間は計36時間（２haの面積）と少ない。

細断ロールサイレージ調製では，刈り取ったとうもろこしをワゴンに積載し，そこから直接，細断型ロールベーラのボックスに投入するものの，サイロサイレージ調製の場合には，一旦ダンプトラックに移し替えサイロまで運搬しなければならない。ただし，収納，調製作業時間はサイロサイレージ調製が細断ロールサイレージ調製よりも短い。これはサイロに詰め込む作業が効率的なことによる。

葛巻町においては，サイロサイレージ収穫・調製作業は家族・共同で行われているが，コーンハーベスタはけん引式の２条および３条刈りである。そこで自走式ハーベスタが使用されれば作業効率は向上するものと思われる。

以上，典型的な作業工程を見たが，調査農家はどちらかに分類される。作業主体別の作業時間について見たのが**表6-10**である。サイロサイレージは刈取～運搬～収納までの全時間の合計である。一方，細断ロールサイレージは，コントラによる刈取り，細断型ロールベーラによる成形・被覆，そして家族，共同作業による牛舎周辺へのロールの運搬の各時間を示している。

サイロサイレージ調製時間と細断ロール調製時間を10a当たりで比較すると，家族・共同型では3.7時間と2.7時間，混合型では3.3時間と1.9時間で，それぞれ細断ロール調製時間が短くなっている。

さらに，類型間の比較を行うと，サイロサイレージ10アール当たり調製時

表 6-10　とうもろこし収穫・調製作業類型の作業時間

（時間）

作業主体類型	農家	サイロサイレージ			細断ロールサイレージ					
		面積(a)	時間	10 a 当時間	面積(a)	刈取	10 a 当時間	ラッピング	運搬	全作業10 a 当時間
家族・共同主体型	2	300	42	1.4	400	55	1.4	5	63	3.1
	4	100	30	3	600	36	0.6	18	126	3
	14	100	70	7	200	14	0.7	14	28	2.1
	16	297	99	3.3	33	3	0.9	3	3	2.7
混合型	1	150	56	3.7	650	21	0.3	5	84	1.7
	3	110	60	5.5	290	20	0.7	20	20	2.1
	5	250	42	1.7	400	68	1.7	5	50	3.1
	6	50	6	1.2	500	29	0.6	8	29	1.3
	7	500	96	1.9	100	7	0.7	7	7	2.1
	8	200	36	1.8	450	32	0.7	8	8	1.1
	9	200	60	3	400	12	0.3	12	36	1.5
	10	300	56	1.9	200	8	0.4	8	32	2.4
	11	400	200	5	200	12	0.6	12	12	1.8
	13	200	90	4.5	300	16	0.5	16	32	2.1
	18	80	48	6	90	4	0.4	4	4	1.3
コントラ主体型	12				300	8	0.3	8	16	1.1
	15				300	8	0.3	8	?	?
	17				200	8	0.4	8	35	2.6
	19				70	4	0.6	4	0	1.1
家族・共同型		199	60	3.7	308	27	0.9	10	55	2.7
混合型		222	67	3.3	325	20.8	0.6	9.5	28.5	1.9
コントラ型					218	7	0.4	7	25.5	1.6

注：聞き取り調査（2013 年）による。

間については，家族・共同型3.7時間に比べて混合型3.3時間と89％の水準である。一方，細断ロールサイレージ調製では，家族・共同型の2.7時間に対し，混合型は1.9時間と70％の水準である。

これは，10 a 当たり刈取り時間が，家族・共同主体型が0.9時間であるのに対し，混合型は0.6時間であること，運搬時間も家族・共同主体型の1.78時間に対し，混合型は0.89時間と少ないことによる。

その理由として，第一に，コーンハーベスタの性能にある。家族・共同主体型は２条刈りか３条刈りであるのに対し，コントラ主体型は自走式（６条刈りに相当）であること。第二に，運搬作業は，家族・共同主体型では，サイロサイレージ調製と並行して細断ロール調製の作業を行っているケースも多く，そのため細断ロール運搬に集中できず，組作業の効率の低下が見られるためである。第三に条件の良い圃場がコントラ主体型の作業対象になっているためである。

（４）飼料給餌作業時間の変化

まず，１日の搾乳を中心とした牛舎での作業時間をみたのが**表6-11**である。朝夕の作業時間は，それぞれ３～４時間であり１日では６～８時間である。その中で，飼料の給与時間（取出し作業を含む）は，今も１～５時間を占めており，この飼料給与時間の削減が課題であった。そこで，細断ロールサイレージの普及は，ほとんどの農家でこの作業時間削減に効果があったことを認めている。

とうもろこしサイレージの調製方法は，牛舎における給餌作業にも大きく影響する。葛巻町においては，これまでサイロサイレージであったことから，それに即した給餌作業体系となっていた。しかし，細断ロールサイレージ調

表6-11　毎日の作業と負担の程度および給餌作業の変化

階層	番号	労働負担の程度と対応	牛舎作業時間帯		１日の飼料給与時間（時間）		作業委託による変化の有無	変化の場合の時間・感想（時間）	
			朝	夕	取り出し	給与			
I	1	○	5：30～8	16：30～19	1	2	変化した	30分	楽
	2	○	5～9	17～20	20分	1	変化した	10分	楽
	3	○	4～8	16～20	1	3	変化した	45分	楽
	4	○	6～8：30	17～19：30	20分	1	変化した	10分	楽
	5	◎労働増可	5～8	17～19：30	0.5	1	変化した		楽
	6	×コントラ増	6～9	18～21		1	変化した	3	楽
II	7	×頭数減	5～9	16～19：30	1	1	変化した		楽
	8	×雇用導入	5～10	17～20	0.5	1	変化した		楽
	9	○	6～9	17～20	0.5	4	変化した	20分	楽
	10	×後継者就農	5～9	16：30～20：30	0.5	4	変化した	1	楽
	11	○	6～9：30	18～21：30	1	4	変化した	1	楽
	12	○	5～8	16～19：30	40分	3	変化した	1	楽
III	13	○	6～8	18～19	2	1	変化した		楽
	14	○	6～9	17～20	0.5	4	変化した		楽
	15	○	5～8	16～18	0.5	1	変化した		楽
	16	○	4～8	16～19	1	1	変化した		楽
IV	17	○	5～8	17～20	0.5	0.5	変化なし		無し
	18	×搾乳中止	5～9	15：30～19	1	1.5	使ってない		
	19	○	6～8	16～18	1	2	変化した	0.5	楽

注：聞き取り調査（2013年）による」，◎もっと働ける　○丁度良い　×負担

表6-12　とうもろこしサイレージの給餌内容

農家	サイレージ種類	給与期間	作業	機械・作業内容	人員・時間
No.7	サイロサイレージ（スタック）	1～9月	取り出し	手作業でビニール袋40袋に詰める	3人×35分（2日分）
			移動	軽トラックで飼槽前に運搬	1人×1分×1回
			給餌	朝晩給与	1人×6分×2回
	細断ロールサイレージ	10～12月	取り出し	トラクタ＋グリッパでロールを牛舎に運ぶ	1人×3分×1回
			給餌	ネットを外して一輪車で給与	1人×15分×2回
No.9	サイロサイレージ（スタック）	5上～7下	取り出し	フォークを使って軽トラに積み込む	1人×30分×1回
			移動		
			給餌	軽トラから降ろし一輪車で給餌	2人×20分×2回
	細断ロールサイレージ	8上～12上	取り出し	トラクタ＋フォークで刺して牛舎に移動	1人×10分×1回
				ビニールとネットを外す	
			給餌	スコップで一輪車に入入れて給与	2人×20分×2回
	サイロサイレージ（タワー）	12中～4下	取り出し	フォークで取り出し（ウィンチは半分は使用）	2人×30分×1回
			給餌	一輪車	2人×20分×2回
No.11	サイロサイレージ（スタック）	11下～8下	取り出し	フォークを使ってビニール袋40袋に詰める	2人×1.5h（2日分）
			移動	トラクタ＋台車	1人×5分×1回
			給餌	台車からカート（リヤカー）移し給餌	1人×10分×4回
	細断ロールサイレージ	9上～11中	取り出し	トラクタ＋グリッパでロールを牛舎に移動	1人×5分×1回
			給餌	スコップでカート（給餌車）に入れて給与	1人×10分×4回

注：聞き取り調査（2013年）による。

製が近年増加したことで，年間２つの給餌体系となっている。**表6-12**は，サイレージの種類毎の給餌体系を見たものである。

葛巻町でのとうもろこしサイレージの給餌方法の特徴として，従来からスタックサイロのサイレージを取り出して炭袋に小分けして給与する方法が行われている[8)]（**図6-5**）。

No.9は，スタックサイロサイレージ，タワーサイロサイレージ，細断ロールサイレージの３種類を調製している。スタックの場合は，フォークを使って手作業で軽トラに積込み，一輪車で給餌する。細断ロールはトラクター（付属機フォーク）を使い牛舎に運び，そこでビニールとネットを外して崩し，一輪車で給餌する。No.11はスタックサイロからサイレージを取り出して炭袋（ビニール袋，10kg程度の容量が多い）40袋（２日分）に詰め，それをトラクターの台車で運び，カート（リヤカーを改造）に移して給餌する。細断ロール給餌はNo.9と同様である。

図6-5　炭袋に入ったとうもろこしサイレージ（No.13 牛舎にて）

No.7は，スタックサイロは１月から９月に給与するが，サイレージの取り出し（軽トラックの積降し含む）を３人で35分かけて行う。その際，炭袋に空気が入らないように７～８kg単位で40袋（冬期は２日分）作る。これを飼槽の前にまで運び，袋を空けて給餌する。５～８月は毎日，それ以外は２日に１回の作業である。この方法の利点は，「２次発酵の防止，袋による給与量の目安がわかると同時に運びやすさにある」。No.11もサイロサイレージは同様な方法であるが，調査時から数年経た現在（2017年）は，より省力化を図るためビニール袋の小分け方式からバケットに入れて一括して運搬，給与する方法に変更している。No.17の場合は，細断ロールサイレージも袋詰め作業を１人15分かかっている。夏期はスタックサイロについても同様に炭袋に10袋分を詰めるのに毎日２人で15分かかっている。細断ロールサイレージでも袋詰め作業を行うのは，牛舎の構造が対尻式で窓側の通路が狭いためである。No.9は，スタックサイロ，タワーサイロ，細断ロールの３種類の貯蔵サイレージを給与しているが，サイロサイレージはバラ給与で，タワーサイロは牛舎に連結しているため運搬作業はなく，直接取り出して給与している。

これら全農家（一部除く）の作業時間をみたのが**表6-13**である。ここでは，取り出し・運搬作業は１日１回，給餌（調製を含む）時間は１日２回の人数を加味した時間である。サイロサイレージと細断ロールサイレージの経産牛１頭当たり給与時間は，それぞれ1.9分と1.2分であり，後者は前者の63％の水準にある。その理由は，給餌時間（牛全体平均）は，サイロサイレージ

表6-13　サイロサイレージと細断ロールサイレージの給餌作業時間の比較

（分）

階層	番号	経産牛頭数	サイロサイレージ（冬期）					細断ロールサイレージ（夏期）				
			給与期間	取出し・運搬	調製・給餌	計①	1頭当時間	給与期間	取出し・運搬	調製・給餌	計②	1頭当時間
I	1	80	9上〜6下	30	25	55	0.7	7上〜8下	15	20	35	0.4
	2	59	12下〜5中	30	30	60	1	5下〜12中	30	30	60	1
	3	56		90	40	130	2.3		5	20	25	0.4
	4	50	12上〜7下	10	25	35	0.7	8上〜11下	5	25	30	0.6
	5	50	12下〜5下	30	30	60	1.2	6上〜12中	10	30	40	0.8
	6	50	1上〜3中	60	60	120	2.4	3下〜12下	3	60	63	1.3
II	7	48	1〜9	106	10	116	2.4	10〜12	3	30	33	0.7
	8	48		10	90	100	2.1		5	90	95	2
	9	45	5上〜7下	30	40	70	1.6	8上〜12上	10	40	50	1.1
	10	42	1上〜7下	30	30	60	1.4	8上〜12下	30	30	60	1.4
	11	41	11下〜8下	90	40	130	3.2	9上〜11中	5	40	45	1.1
	12	40							10	20	30	0.8
III	13	36	11下〜4下	60	40	100	2.8	5〜11	10	40	50	1.4
	14	33	1中〜4中	42	40	82	2.5	4下〜1上	30	40	70	2.1
IV	17	19	12下〜4中					4下〜11中	15	30	45	2.4
全平均		46.5		47.5	38.5	86	1.9		12.4	36.3	48.7	1.2
I階層平均		57.5		41.7	35	76.7	1.4		11.3	30.8	42.2	0.8
II階層平均		44		53.2	42	95.2	2.1		10.5	41.7	52.2	1.2

注：聞き取り調査（2013年）による。

38.5分，細断ロールサイレージ36.3分と変わらないものの，取り出し・運搬時間は前者47.5分と後者12.4分と細断ロールサイレージはサイロサイレージの4分の1になっており，この部分の省力化が図られているためである。また，より頭数規模の大きいI階層での給与作業時間は短くなっている。

葛巻町においては，これまでサイロから手作業でサイレージを取り出し，これを炭袋に入れていたが，これが細断ロールサイレージの場合は，トラクターで取り出すため作業時間の短縮になっている。

4）生産量の変化等と農家経済

（1）生産量の変化

細断ロールサイレージ作業は調製・貯蔵技術で栽培技術ではないため，とうもろこしの単位収量を向上させるものではない。しかし，革新的な貯蔵技術であることで貯蔵ロスが少なくなる点で農家からの評価対象となっている。自給飼料の収穫～調製～貯蔵において，それぞれロスが発生する。収穫する際には，刈り残しや収集漏れの生産物が圃場に残る収穫ロスが生じる。また，移動や機械での調製の際にも収穫物がこぼれるため運搬ロスが生じる。さらの貯蔵した場合，発酵不良でカビが生じるなどの貯蔵ロスが生じる。**表6-14**は，細断ロールの収量とロスを見たものである。収量は，10ａ当たり５～７個であり，１ロールの重量は600～800kgであるため，３～5.6ｔという幅である。細断ロール調製による収穫・運搬ロスの削減は５戸で認められ，

表 6-14　2011 年の収穫量と細断ロール調製による生産量の変化

階層	農家	収穫量の変化					コントラの作業および料金の評価					
		ロール個数・@重量(kg)	水分率%	収穫・運搬ロス(%)	貯蔵ロス(%)	生産量変化の有無	段取り	作業速度	作業精度	作業適期	料金の評価	支払い額(千円)
Ⅰ	1	6・600	50			×	○	◎	◎	◎	やや高い	300
	2	3.7・700		0	15	○	△	×	○	○	高い	700
	3	6・600				×	○	○	◎	○	高い	500
	4	7.5・800	70			○	○	◎	◎	○	やや高い	690
	5	7・700		激減	30	○	◎	○	◎	◎	高い	650
	6	5・800	60	5	5	○	◎	◎	△	○	適正	650
Ⅱ	7	5・600	50		1	○	○	○	○	△	やや高い	290
	8	4・400			5	○	○	○	◎	△	やや高い	698
	9	6・700	80		10	○	○	◎	◎	×	適正	490
	10	6				×	◎	◎	◎	◎	適正	436
	11	5・700	30			×	◎	◎	◎	○	やや高い	344
	12	5	55	20	10	○	○	◎	◎	○	やや高い	475
Ⅲ	13	5・800	55	5	5	○	◎	○	◎	○	やや高い	756
	14	6・800			20	○	◎	◎	◎	○	適正	235
	15	4			3～5	○	○	◎	◎	○	適正	411
	16	5	50	10		○	○	○	○	○	やや高い	138
Ⅳ	17	7・800				×	△	◎	○	△	やや高い	290
	18	5・750	50			○	◎	◎	◎	◎	適正	168
	19	6・800		変化なし	10	○	◎	◎	◎	○	適正	185

注：1）聞き取り調査による（2013 年）による。
2）生産量の変化の有無　○は有り，×は無しを表す。
3）コントラの評価では，◎「大変評価できる」，○「まあまあ評価できる」，△「どちらとも言えない」，×「あまり評価できない」を表す。

貯蔵ロスは11戸で認められている。その結果，ロス削減による効果（貯蔵後）は，14戸，74％で認められている。

（2）コントラ作業の評価

一方，コントラの作業（段取り，速度，精度，適期）の評価をみると，「段取り」では8戸（全体の42％）が「大変評価できる」と回答し，また「作業速度」では12戸（63％）が，「作業精度」では14戸（74％）が，「作業適期」では4戸（21％）が，それぞれ「大変評価している」と回答している。「作業適期」は気候条件のもとでの順番がありコントラの作業技術では対応が難しいものの，作業速度や作業精度はコントラのオペレーターの作業技術にかかわることで，これらは概ね評価されていると言えよう。ただ，作業料金については，「高い」が3戸，「やや高い」が9戸と「適正」の7戸を上回っている。これは作業料金が60万円を超える農家が6戸，40〜59万円が5戸と，これまでの労賃支出が伴わなかったサイロサイレージ作業が有料の細断ロールサイレージ作業に変化したことによる農家の経済意識の表れであろう。

（3）生産資材支出

作業料金は委託料そのものに加え，資材価格にも反映している。費用の増大について，No.1は，「バンカーサイロ調製の場合（3ha分）は，ビニール1本（30m）が2万円，ブルーシート（5m× 7m，@2,500）6枚で15,000円，添加剤6万円で，計95,000円である。一方，細断ロールサイレージの場合は，1ha当たり収量を7個（@600〜700kg）とすると，1個当たりのフイルム代が1,500円かかるため，105,000円のフイルム代となり，3haでは315,000円となる。資材代だけを単純比較すると210,000円の差となる。ただし，バンカーサイロ（4m×30m× 2m）の建設費は170万円であったことから，耐用年数を20年とすると，年間の償却費は85,000円であり，それでも125,000円の差が存在する。さらに作業委託料金16万円も加わる」との理由で，コントラ委託に全面的に踏み込めない農家もある。

（4）農家経済

そこで，農家経済の状況に見たのが**表6-15**である。粗収入は農家の頭数規模に比例しているものの，農業支出は規模に比例していないことから農業所得は必ずしも規模に比例していない。しかし，大枠としてⅠ階層は1千万円前後が多くなっており，Ⅱ階層は600～800万円，Ⅲ階層は300～500万円となっている。所得から利息，元金償還，家計費を差し引いた農家経済余剰は大部分の農家が黒字になっており，葛巻町の酪農家は余裕のある農業経営が行われているとみて良いであろう。そうした余裕のある中での細断ロールサイレージの委託作業が可能になっているが農家経済の面からも裏付けられよう。

表6-15　農家経済の状況

階層	番号	農家経済の状況（万円）								生産乳量（t）	個体乳量（kg）	kg当乳価（円）
		粗収入	経営費	うち飼料費	所得	利息	償還	家計費	余剰			
Ⅰ	1	6,300	3,500	400	2,800	8	400	1,200	1,208	592	9,500	102
	2	6,000	4,800	2,000	1,200	50	130	400	620	516	10,150	100
	3	4,500	4,000	1,700	500	8	220	500	-228			
	4	5,000	4,200	2,500	800	0	0	200	600	490	10,500	98
	5	4,500	3,500	1,200	1,000			360	340	460	9,200	103
	6	4,000	3,500	1,600	500	5	200	120	175	400	8,000	100
Ⅱ	7	4,200	3,420	1,700	780	60	200	240	180	390	9,300	100
	9	4,754	4,260	1,390	494	18	300	360	184	423	9,400	102
	10	4,626	3,963	1,800	663	39	330	250	80	39	9,290	98
	11	3,600						400		329		
	12	3,532	2,715	1,172	623	0	57	450	116	286	8,100	100
Ⅲ	13	3,600	3,900	900	-200	43	900	300	-1,500	263	9,500	100
	14	3,500	3,000	2,000	500	50	200	250	0	300	9,000	100
	15	2,660	2,460	1,032	365	13	38	164	150	240	8,800	100
	16	2,600	2,200	1,300	350							
Ⅳ	17	1,400	1,100	350	300	0	0	150	150	110	7,000	
	18	1,500	1,300	500	120	28	65	180	-150	135		98
	19	300									—	—

注：聞き取り調査による(2013年）による。No.8はデータなし。

第6節　細断ロールベーラ調製事業の評価

細断ロールベーラの出現は，葛巻町酪農の生産構造を大きく変えようとしている。そこで，農家の作業面（作業効率），労働力面，品質面，経済性な

表 6-16　細断ロール調製作業委託事業の評価

作業主体類型	農家	評価内容				今後の委託増	町のモデル事業の評価	補助金なしでの委託継続
		品質向上	廃棄なし	作業競合解消	給餌作業減			
家族・共同主体型	2	○	○			×	×評価できない	わからない
	4	○	○	○		200	○ある程度評価	続ける
	14	○	○			×	◎大いに評価	続ける
	16					×	○ある程度評価	わからない
混合型	1		○			100	△あまり評価できない	続ける
	3					×	◎大いに評価	続ける
	5	○				農地確保で	◎大いに評価	続ける
	6	○	○	○	○	100	○ある程度評価	続ける
	7	○				×	○ある程度評価	続ける
	8						◎大いに評価	続ける
	9		○			×	◎大いに評価	続ける
	10	○			○	×	○ある程度評価	続ける
	11	○			○	×	◎大いに評価	面積を縮小
	13	○	○			200	○ある程度評価	続ける
	18			○	○	20	◎大いに評価	続ける
コントラ主体型	12	○			○	100	◎大いに評価	続ける
	15	○	○	○			◎大いに評価	続ける
	17	○				×	○ある程度評価	続ける
	19	○				×	◎大いに評価	続ける

注：聞き取り調査（2013 年）による。

ど多面的に検討を行ってきたが，調査農家の総括的な評価を見たのが**表6-16**である。まずは，サイレージの品質面と作業面について見てみた。「品質の向上」については，13戸，68％が認め，「廃棄するサイレージがなくなった」は8戸，42％が認めている。これは，スタックサイロやバンカーサイロに貯蔵したサイレージは夏場に腐敗し，廃棄する部分が出ていたが，これを細断ロールサイレージにすることで腐敗・廃棄がなくなったことによる。

一方，作業面に関しては，「作業競合の解消」は4戸，「給餌作業の軽減」は5戸と多くはなかった。葛巻町においては，まだ酪農家間の共同作業や助け合いが行われており，また，大部分が経産牛頭数50頭以下であるため，家族労働力の範囲内で飼養管理作業が可能であることの反映でもある。

葛巻町役場の施策で細断ロールサイレージ調製を推進してきた「自給飼料生産拡大モデル事業」の評価は，半数以上の10戸が「大いに評価」，7戸が「ある程度評価」しており89％が評価していることになる。そのため，16戸（84

%）が「補助金に関係なく続ける」と回答しており，細断ロールサイレージ調製が定着するものと思われる。ただし，家族・共同主体型４戸のうち２戸が「わからない」と回答し，作業主体によって評価が異なっていた。

さらに農家調査後の１年後（2014年３月）に行ったアンケート調査（調査農家を含む）においても，**表6-17**にみるように，委託理由に対応するように評価理由があげられている。特に，**表6-16**において見られなかった「給餌作業が楽になった」が65%，「収穫作業が楽になった」が78%と高い評価になっている。また，すでに品質面では高い評価を得ていたが，「夏期の廃棄物がなくなった」87%，「コーンサイレージの品質が向上した」70%と前年よりも評価の比率は上昇している。それを裏付ける数値として，70%（16戸）が貯蔵ロスの削減を認めており，貯蔵ロス軽減率は全農家で8.3%であった。その結果，委託全体の評価として，「大いに評価できる」が57%（13戸），「ある程度評価できる」が43%（10戸）とすべての農家が評価しており，「評価できない」，「わからない」は皆無であった。ただし，全面的に評価されているのではなく，「ビニール等の廃棄物が増えた」４戸，「出費が多くなった」４戸，「生産コストが高くなった」６戸が回答し，課題もあることも明らかになった。

葛巻町におけるとうもろこしの細断ロールサイレージ調製は，単にコントラに作業委託したことでの収穫調製作業の負担軽減だけではなく，給餌段階の作業効率化をもたらしていることも大きな意義があろう。

こうしたコントラ作業の高い評価は，町のモデル事業の評価にも反映しており，**表6-17**にみるように23戸中，「大いに評価」が13戸，「ある程度評価」は10戸と高い評価であった。町のモデル事業が新たな技術普及のための補助事業としての役割を果たしたと言えよう。

第７節　葛巻町における細断型ロールベーラ調製の展望

現在のとうもろこし調製状況が，このまま固定するのか，それとも変化す

表 6-17　アンケート調査農家の事業評価

番号	調査農家	経産頭数（頭）	出荷乳量（トン）	牧草面積(ha)	とうもろこし面積(ha)	委託面積(ha)	調製個数（個）	委託理由					委託評価	評価理由							貯蔵ロス
								給餌作業省力	収穫作業軽減	夏期腐敗防止	高品質確保	配合給与量減		給餌作業楽に	収穫作業楽に	夏期廃棄物減	コーンS品質向上	ビニール廃棄増	出費増	生産コスト増	
1	1	80	700	22	10	2	120			○			可○			○		○	○	○	5%
2	2	60		15	8	3	200		○	○	○		可○		○	○		○		○	5%
3		55	430	14	7.5	5.5	361			○	○		可○		○		○				5%
4	4	53	520	14	7	6	170		○	○	○	○	可○			○	○				10%
5	5	52	430	15	8	4	300			○	○		大◎			○	○				
6		50	450	0	5	5	350	○	○	○	○		大◎	○	○	○	○				0%
7	7	50	440	12	6	1.5	70	○	○				可○	○	○	○			○		0%
8	9	50	430	15	7	3	150	○	○	○	○		大◎	○	○	○	○				5%
9	3	50	430	15	4	3	180		○	○			可○	○	○	○	○			○	5%
10		45	295	14	4	2	120	○	○	○	○		大◎		○	○					20%
11	12	44	330	15	3	3	200	○	○		○		大◎	○	○	○	○				
12	10	42	400	11	5	2	113		○		○		大◎	○	○						10%
13	11	40	433	5	5	2	120		○				大◎	○		○		○		○	0%
14	13	36	300	43	7	3	200	○	○	○	○		大◎	○	○	○	○			○	5%
15		35		1	4	2.5	160	○	○	○	○		可○	○	○		○	○	○	○	0%
16		35	270	12	6	2	100	○		○	○		可○	○	○	○	○		○		10%
17		33	300	6	4	2	120	○		○			可○	○		○					10%
18		33	230	13	2.5	2.5	160		○	○	○		大◎		○	○	○				20%
19		30		15	1	0.8	65	○	○	○			大◎	○	○	○	○				20%
20		25	190	8	4	2	80		○				可○		○	○	○				20%
21		14	100	5	1.5	1	60	○	○	○	○		大◎	○	○	○	○				0%
22		12		4	1	0.6	47	○	○	○	○		大◎	○	○	○	○				5%
23	19	8		2.5	0.7	0.7	41	○	○	○	○	○	大◎	○	○	○	○				20%
平均・計		41	371	12	4.8	2.6	152	13	18	18	16	2		15	18	20	16	4	4	6	8.3%

注：アンケート調査（2014年3月）による。委託評価の大◎は，「大いに評価できる」，可○は「ある程度評価できる」である。

るのであろうか。すなわち，作業主体が，家族・共同主体型→混合型→コントラ主体型へとシフトしていくのかである。そうした流れを規定する要因としては，**表6-18**にみるように農家の労働力保有状況，経営耕地の状況，機械（収穫機）およびサイロの保有状況，サイレージの品質，作業体系，農家経済および生産コストなどがあげられよう。

第一の労働力については，家族経営における高齢化，農家戸数の減少による共同作業の解消が進めば，コントラへの委託が増え，かつ給餌作業の省力化につながる細断ロールサイレージ調製の比重が高まるであろう。

第二の農地については，離農農地の取得による農地の分散が進めばコントラへの作業委託が余儀なくされよう。また，農地の区画整理など大型機械の利用条件が整備されることもコントラ事業の展開条件になろう。

第三の機械の保有状況については，ほぼすべての農家がプランターおよびハーベスタを共同か個人で所有しているものの，価額の安いコーンプランターは購入年次が古く，大部分が償却済みである。また，コーンハーベスタについても古い機械が目立ち，平成20年（2008年）以降の機械は僅かに3台である。このことから，コーンハーベスタが使えなくなった時に，収穫・調製作業がコントラ委託となる可能性がある。しかし，すべてが細断ロールサイレージに移行するとは限らない。酪農家によっては，サイロサイレージを主体に細断ロールサイレージは夏場の補助飼料として位置付けている農家も見られるからである。

表6-18　細断ロール調製作業の促進および停滞要因

要因	促進要因	停滞要因
労働力	農家戸数減・高齢化	共同作業の存続
農地	分散・離農農地増	零細農地（機械作業難）
収穫機	けん引式ハーベスタの老朽化・償却費減	けん引式ハーベスタの更新
サイロ	スタック，トレンチサイロ	バンカーサイロ
品質	コーンクラッシャーによる品質向上 細断ロールの夏期品質保持	冬期凍結
コスト	町助成	資材支出大
補助作業体系	農家の運搬作業協力	高齢化による運搬作業中止
作業主体・規模	共同作業の解消	共同作業の存続

第四にサイロの保有状況については，**表6-6**で見たように８戸，特に上層部においてバンカーサイロの所有が多くみられる。しかし，年次は古いものが多く，平成20年（2008年）以降に建設した農家はわずか２戸のみである。

第五にとうもろこしサイレージの品質である。細断ロールサイレージは，単に細断型ロールベーラによる成形・被覆調製による発酵品質の向上だけではなく，収穫時に大型自走ハーベスタが特殊な付属機（コーンクラッシャー）によってとうもろこしの粉砕密度を細かくすることである。そのことで乳牛の消化率が高まるという効果があり，品質向上がコントラ作業の評価を高めている。しかし，一方では冬期の凍結という課題が存在している。

第六に生産コストである。細断ロールサーレージ調製は，町の助成がきっかけとなり普及してきたものの，農家の意向調査にもあったように補助金がなくなっても継続するという農家が圧倒的である。事実，補助金が半減されても事業参加農家は増加してきた。一方，細断ロールサイレージの場合，資材支出が増加するという課題もある。また，労働力に余裕のある農家にとっては，委託料金が現金支出となり，支出増を懸念するケースもある。

第七に補助作業労働の存在である。現在のコントラの受託作業は，あくまでも家族（共同）の細断ロール運搬作業を条件に成り立っている。この条件が崩れた場合には，コントラは，自ら労働力を調達しなければならず，その際には作業料金の上積みが行われることが予想される。

以上のような条件を踏まえることで，作業主体が，家族・共同主体型→混合型→コントラ主体型という流れになるかである。北海道における大規模酪農経営はバンカーサイロ作業体系を採用していることから，葛巻町における規模拡大の進捗状況によっては，家族・共同主体型において大規模経営はバンカーサイロ体系を維持することが考えられる。

これらの個別条件とは別に，細断ロールサイレージの流通飼料＝商品という新たな役割についても評価しなければならない。No.4は，No.13から2011年に30ロール（@12,000円）で，2012年には青森県から72ロール（@10,000円＋運賃1,200円）で購入している。町内のみならず，地域でのとうもろこしサイレージの過不足の調整が始まっている。

東北酪農は，北海道と違って中小規模が主流で飼料基盤も狭小である。それらの条件に細断型ロールベーラサイレージ調製が適応したことで，葛巻町での飛躍的な展開に繋がっている。細断型ロールベーラ技術は，今後，後退することなく東北地方をはじめ府県酪農に浸透するものと思われる。葛巻町はその先駆的事例となろう。

注

1）佐々木（1998）は戦後の東北各県の酪農の動向を分析している。
2）鵜川（2011）は，秋田県湯沢市雄勝酪農協ではイネWCSや細断型ロールベーラによるトウモロコシ調製の取り組みが紹介している。
3）佐々木（1998）は吉川忠雄「東北地域における酪農の現状と飼料構造」の類型区分を紹介している。
4）本章の資料は，酪農学園大学農業経済学科酪農畜産営農システム学研究室３年生の調査実習の結果を主に活用した。荒木他（2013）参照。
5）葛巻町農協（1992）によって，葛巻町の酪農の歴史はコンパクトにまとめられている。
6）葛巻町の取り組みは，亀井（2011）ら数多くの著書やマスコミの記事でも取り上げられている。
7）全国農業新聞「大臣賞に葛巻町農業委員会（岩手）」2013年５月17日。
8）葛巻町におけるとうもろこしサイレージの伝統的な給与方法として，販売用の炭袋のビニールを小分け用に使い，それを牛舎での給餌作業方法に取り入れている。ある程度の日数保管する場合には，空け口を紐で縛り，それを下にして発酵保存する方法が採用されている。細断ロールサーレージ調製の場合にも細断型ロールベーラからこぼれたサイレージを炭袋で保存している（No.13）。

参考・引用文献

［１］佐々木東一「地域酪農の歩み　東北」廣瀬可恒監修『日本酪農の歩み』酪農学園大学EXセンター，1998年，pp.44-55
［２］鵜川洋樹「耕畜連携や資源循環などの強みを生産力に生かす」『DAIRYMAN』デーリィマン社，2011年，pp.22-24
［３］荒木和秋他「岩手県酪農における自給飼料生産構造の革新」『北海道農業経営調査』第26号，酪農学園大学農業経済学科酪農畜産営農システム学研究室，2013年，pp.1-28

[４]葛巻町農業協同組合『牛とともに―葛巻町酪農100年・農協合併10年史―』，1992年
[５]亀地宏『夢に向かって「岩手県葛巻町」の挑戦』てらいんく，2011年

(荒木　和秋)

第7章

稲発酵粗飼料作における細断型ロールベーラの導入と普及

―機械技術の部門間移転―

第1節　はじめに

細断型ロールベーラは，もともと飼料用のとうもろこしや牧草の収穫・調製作業を省力化する目的で開発された技術である。また，ロールの結束にネットを用い，高密度でのラッピングすることから，サイレージの品質保持を高めるだけでなく，食品製造副産物などの食品残さや規格外農産物にも適用対象が広がっている。本書においても，細断型ロールベーラの利用対象は，主としてとうもろこしと食品残さとなっている。本章では，近年注目が高まっている稲発酵粗飼料を対象として，細断型ロールベーラ技術の導入・普及を辿ることにしたい。

飼料自給率の低さと米の消費量の減少を踏まえて水田の利活用を考えれば，水田での飼料作は合理性をもつものといえる。また，稲の栽培には，これまで積み上げて来た技術が利用できるメリットがある。

しかしながら，ここでとりあげる稲発酵粗飼料のように稲全体を飼料利用するためには，子実のみを利用する食用米あるいは飼料用米とは異なる技術的対応が収穫・調製の工程において求められる。稲全体を飼料利用するために飼料作技術が応用されるのであるが，細断型ロールベーラの稲発酵粗飼料への適用は，対象作物がとうもろこしや牧草から稲に置き換わっただけの単純なことではない。ひとつの機械技術（M技術）が新たな対象作物に応用される際には，作業条件や作物特性，家畜の栄養特性に応じた技術的な調整が必要である。それを抜きにして普及はあり得ない。どのような技術的調整過程を経て普及に至ったのかを明らかにしておくのが本章の第一の目的である。そして，その普及の後押しをした助成施策を経営の観点から確認することにしたい。

なお，ここでいう細断型ロールベーラ体系は，稲の刈取りからロール成形，ラッピングまでの作業工程を指す。また，本章では稲の刈取りからロール成形までの工程を行う機械をホールクロップ収穫機と称する。とうもろこしや牧草用の細断型ロールベーラとの区別を明確にするためである。

第2節　稲発酵粗飼料の作付面積拡大

1）全国的動向

米の消費量が減少し，需給均衡が崩れて供給超過が常態化したため，水田利用は転作を余儀なくされた。そのなかで飼料作物としての稲は，既に述べたように水稲作技術が適用できることと飼料自給率が低いことを背景に注目を集めた。

稲の飼料利用には，子実のみを利用する方法と茎葉部分も含めて利用する方法がある。前者は濃厚飼料として，後者は粗飼料として位置づけられ，どちらも国産飼料増産のために普及拡大が図られている。細断型ロールベーラの技術が適用されるのは，稲全体を飼料利用する後者である。稲全体の飼料利用については，初期段階には青刈りが試みられたが，家畜の嗜好性と栄養価が劣ることから利用が広がらず，代わって稲発酵粗飼料（ホールクロップサイレージ）の拡大が模索されるようになったのである。稲の発酵粗飼料は，穀粒と繊維の両方に富み，栄養価が高く物理性も良く飼料価値が高い。

稲発酵粗飼料の作付面積を**図7-1**でみると，2000年以前は100haに満たなかったが，転作作物としての助成施策の展開に連動して増加してきたことがわかる。まず2000年の水田農業確立対策によって，前年比6.9倍の面積拡大があった。その後，食用米価の上昇や転作施策の見直しなどによって2004年に作付面積の減少がみられたものの，その後は拡大を続けている。とくに

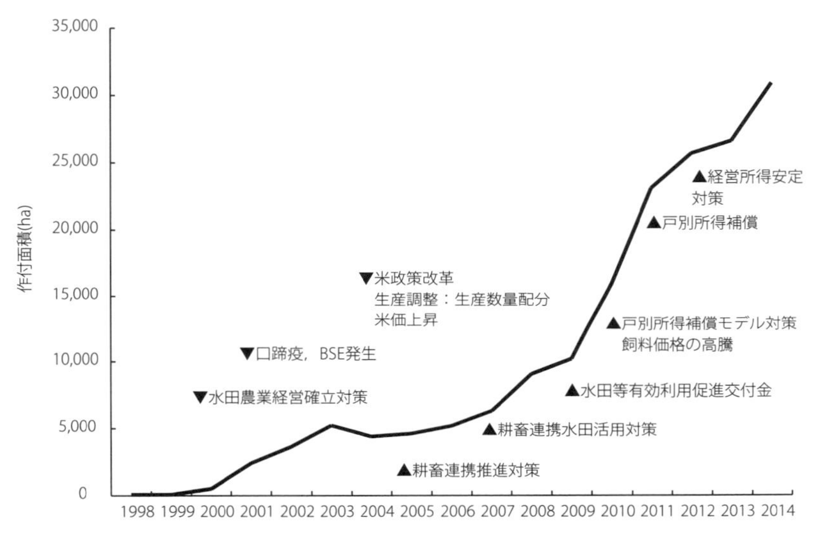

図7-1　稲発酵粗飼料の作付面積の推移

資料：農林水産省「飼料をめぐる情勢」
注：2007年までは畜産振興課調べ。2008年以降は新規需要米の取組計画認定面積。

2009年の水田等有効活用促進交付金の導入では，10ａ当たり35,000円の助成が刺激となり稲発酵粗飼料の作付面積拡大をさらに促した。また，稲発酵粗飼料用のロールベーラ等の専用機械に対する補助が作付面積の拡大を後押しした。翌年2010年には，飼料価格の高騰のなか飼料増産行動計画による取り組みが開始され，戸別所得補償モデル対策が開始された。これは，翌年の2011年に戸別所得補償という形で政策展開されるようになった。これら一連の政策的刺激によって，稲発酵粗飼料の作付面積は，2009年の10,203haから2011年には23,086haと２倍以上の生産拡大が図られたのである。その後も，戸別所得補償政策は政権交代を経ても経営所得安定対策として助成の枠組みが継続され，作付面積拡大への刺激となっている。稲発酵粗飼料の作付面積は，2014年には３万haを突破している。

2）地域的特徴

このように稲発酵粗飼料の作付面積は政策の後押しを受けて拡大してきているが，拡大の程度は全国一律ではなく地域別にみると偏りがある。**表7-1**で都道府県別の作付面積をみると，最も大きい熊本県で6,005ha，次いで宮崎県で5,047haとなっており，逆に少ない方に目を転じると沖縄県2ha，山梨県8haである（東京，神奈川，大阪，和歌山は統計値なし）。熊本県と宮崎県の2県で全国シェアの35.7%を占めており，作付面積上位10県で全国の作付面積の70%以上を占めている。地理的にみれば，九州，東北，北関東での作付面積が大きくなっている。

表7-1　都道府県別稲発酵粗飼料作付面積（2014年度）

	稲発酵粗飼料作付面積（ha）	全国シェア	累積割合
熊本	6,005	19.41%	19.41%
宮崎	5,047	16.32%	35.73%
鹿児島	2,359	7.63%	43.36%
宮城	1,724	5.57%	48.93%
大分	1,701	5.50%	54.43%
福岡	1,156	3.74%	58.17%
栃木	1,149	3.71%	61.88%
秋田	1,079	3.49%	65.37%
岩手	980	3.17%	68.54%
佐賀	824	2.66%	71.20%
福島	767	2.48%	73.68%
千葉	660	2.13%	75.81%
山形	659	2.13%	77.95%
長崎	598	1.93%	79.88%
茨城	520	1.68%	81.56%
兵庫	494	1.60%	83.16%
群馬	462	1.49%	84.65%
青森	398	1.29%	85.94%
島根	390	1.26%	87.20%
岡山	384	1.24%	88.44%
新潟	324	1.05%	89.49%

	稲発酵粗飼料作付面積（ha）	全国シェア	累積割合
鳥取	291	0.94%	90.43%
広島	280	0.91%	91.33%
富山	277	0.90%	92.23%
北海道	259	0.84%	93.07%
滋賀	235	0.76%	93.83%
山口	228	0.74%	94.56%
静岡	215	0.70%	95.26%
三重	211	0.68%	95.94%
長野	194	0.63%	96.57%
愛知	167	0.54%	97.11%
岐阜	154	0.50%	97.60%
高知	145	0.47%	98.07%
徳島	107	0.35%	98.42%
埼玉	102	0.33%	98.75%
福井	98	0.32%	99.07%
愛媛	88	0.28%	99.35%
京都	54	0.17%	99.52%
石川	50	0.16%	99.69%
香川	45	0.15%	99.83%
奈良	42	0.14%	99.97%
山梨	8	0.03%	99.99%
沖縄	2	0.01%	100.00%

資料：図7-1に同じ。
注：東京，神奈川，大阪，和歌山は統計値なし。

以上は作付面積の多寡を比較したのであるが，稲発酵粗飼料生産の拡大をみるうえでは地域内での需要量の大きさを把握し，そのうえで地域の限りある資源のうちのどれだけを稲発酵粗飼料生産に向けているかが重要な指標となる。そこで，稲発酵粗飼料を摂取する家畜は牛と想定されることからその潜在的需要量と田の面積規模の関係をみるために，牛の飼養頭数（肉用牛と乳用牛）と田の面積の比率，つまり田１ha当たりの牛頭数，を都道府県別にみたグラフが**図7-2**である。そして，水稲作の面積規模と稲発酵粗飼料の面積規模の関係をみるために，水稲作付面積に対する稲発酵粗飼料の作付面積の割合も一緒に示してある。

宮崎，鹿児島，長崎，熊本は牛頭数/田面積の比率が高く，稲作作付面積に対する稲発酵粗飼料の作付面積率も高い。稲発酵粗飼料に対する潜在的需要が大きい地域といえる。それに対して，東北地域は，全体的に稲発酵粗飼料の作付率が高くなっているが，牛頭数/田面積の比率は高くはなく，全国

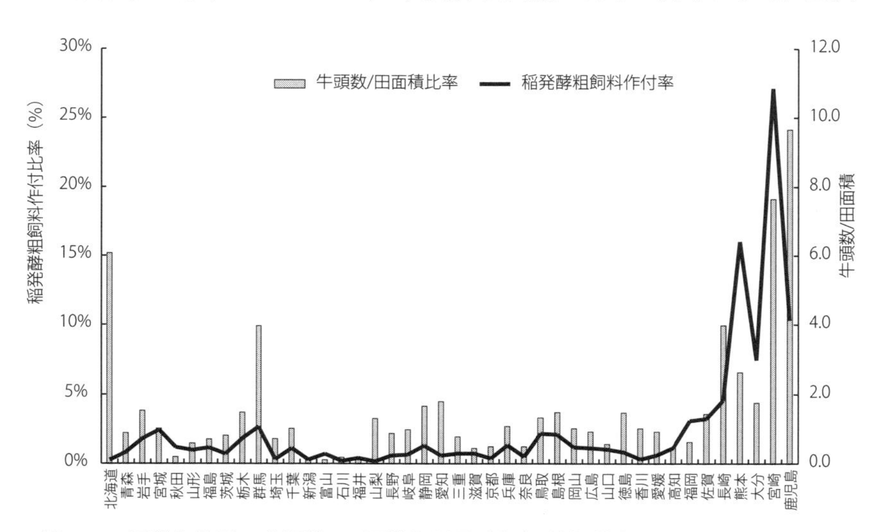

図7-2　都道府県別の牛頭数/田面積と稲発酵粗飼料作付率

資料：農林水産省「耕地及び作付面積統計」，「畜産統計」
注：1）稲発酵粗飼料作付率＝稲発酵粗飼料作付面積/水稲作付面積
　　2）牛頭数は乳用牛と肉用牛の頭数の合計
　　3）田面積は，本地面積。

の中央値である1を超えているのは岩手(1.53)，ほぼ1であるのが宮城(1.02)となっている。北関東県の栃木，群馬は，牛頭数/田面積の比率も稲発酵粗飼料の作付率も比較的高くなっている。甲信越，北陸，東海地域は，全体的に稲発酵粗飼料の作付率が低い。そのなかで山梨，愛知は牛頭数/田面積の比率が比較的高いが稲発酵粗飼料の作付率は低いという状況である[1)]。

総じていえば，畑地，草地の飼料基盤に比較的恵まれている北海道を別として，牛の頭数が多く稲発酵粗飼料の潜在的需要が多い九州地域，稲作地帯の東北地域，比較的牛の飼養頭数が多い北関東および山陰地域で，稲発酵粗飼料の作付の割合が高くなっているといえる。

第3節　細断型ロールベーラ技術の稲発酵粗飼料への導入と技術的調整過程

1）稲の飼料利用と専用収穫機

稲を飼料化するうえで，キーとなるテクノロジーのひとつは収穫・調製の機械である[2)]。稲を飼料用に収穫し調整する機械作業体系は，牧草用の機械を用いる体系と専用収穫機を用いる体系がある。前者は，モア，ロールベーラ等牧草用の収穫機を水田において稲の収穫・調製に使う体系であり，畜産経営の装備機械をそのまま利用できる利点がある。しかしながら，畜産の機械を利用することは耕種経営が担い手になりづらい面があるうえに，根本的問題として湿田では牧草体系の機械利用が困難であるという制約がある。

そこで，牧草用の機械の利用制約を乗り越えるために，稲の専用収穫機体系が模索されることになる。もともと稲を飼料化するための専用収穫機があったわけではなく，稲発酵粗飼料の増産に合わせて新たに開発が始まった技術といってよい。そのなかで注目された細断型ロールベーラ体系の機械は，とうもろこし，牧草など畑地，草地での飼料作ではすでに導入され確立していた技術体系であったが，それをそのまま水田作に移入することは困難であった。M技術の部門間移転には数々の課題を克服する必要があったのである。

この過程を，T社の細断型ホールクロップ収穫機を事例に追うことにしたい。

２）稲発酵粗飼料へのM技術対応

上述したように収穫時期に乾田化できる圃場では牧草収穫機での収穫・調製作業が可能であるが，湿田においては難しい。乾田化が困難な水田においては，軟弱な土壌での走行性に加えて収穫した稲に土砂等を付着させないことが収穫機械に求められる。そのために稲発酵粗飼料の専用機には，クローラ（キャタピラ）が装備され湿田での走行性が確保された。そして，収穫工程では稲を刈り倒して予乾する牧草体系と同様の方式は採用できないため，ダイレクト収穫して搬出する方式が採用された。こうして開発に至ったのが，収穫機とロールベーラを一体化した自走式の飼料稲専用収穫機である。T社では刈取り部分に自脱型コンバインのメカニズムを採用している[3)]。こうした開発によって専用収穫機体系が実用化されたのである。

稲発酵粗飼料の生産のための専用収穫機は2000年に商品化され2001年から本格的に販売された。しかしながら，切断長が長く（切断刃間隔15cm），攪拌が不十分であったため，穂部と茎葉部が均一に混ざらず，ひとつのロールのなかに穂が多い部分と茎葉が多い部分が混在するという難点があった。

そのため，ロール内での均一性を保つための開発研究が行われ，改良型が2008年に市場に出ることになった。これが細断型のホールクロップ収穫機であり，稲を３cm幅に細断して攪拌機能を向上させ，さらにロールをトワイン結束からネット梱包する改良が施された機種であった。

以上の過程を経て稲発酵粗飼料の生産を目的とした細断型ホールクロップ収穫機が誕生したのである。

３）関連するBC技術

ここで見落としてはならないのは，稲発酵粗飼料の普及はM技術の開発だけによるものではないということである。メカニカルな対応とともにBC技術の対応も普及にとって重要な要素であった。つまり，細断型ホールクロップ収穫機は利用する稲の品種や発酵に関するBC技術対応と連動しながら普及するのである。そこで次に，稲発酵粗飼料普及に関わるBC技術の対応をみることにする。ここでは，収穫・調製の作業が直接対象とする稲の形質を追求する品種改良と飼料利用から求められる調製方法についてみておきたい。

（1）品種改良

稲発酵粗飼料のための稲の品種改良は，食用とは異なり食味の向上には重きが置かれず，耐倒伏性，病害抵抗性に優れ，茎葉部分も含んだTDN収量が高く，多収であることが求められる。1980年代にもすでにホールクロップ用に３品種が開発されていたが，1999年以降全国各地での栽培が可能になるようにそれぞれの地域での栽培条件に適合する品種の育成が盛んにおこなわれ，飼料用の稲の品種は27を数えるようになった[4)]。そして地域ごとに気象条件等を考慮して推奨品種をマニュアルに示すなどの普及活動が行われた。

このように多収量を求めて品種改良が進むと長稈型の品種が多くなり，これまでの細断型ホールクロップ収穫機では処理時間が長くなるため，収穫の作業処理速度が落ちるという問題が顕在化した。そのため，長稈型対応の機種が開発され，2013年から販売が開始された。これは，多収を求めるBC技術の変化によりM技術が対応を迫られた例といえる。

（2）調製方法

飼料を生産しても，それが家畜に摂取されなければ意味がない。稲発酵粗飼料の利用の現場においては，飼料適性が問題となる。そのなかで稲の発酵品質は飼料化の重要課題であった。稲の茎は中空であり，乳酸菌が少ないだけでなく，好気性細菌やカビ，酵母菌が多く，発酵品質に問題があった[5)]。その問題に対しては，ホールクロップ収穫機では稲を細断し梱包密度を上げることによってサイレージの発酵品質を向上させた。さらに，乳酸菌を添加することによって，発酵品質を向上させ，保存性を高めることを可能にしたのである。

稲の切断長についてはすでに述べたように，穂部と茎葉部をロール内で均一に混ぜるという観点から研究がなされたが，家畜の栄養摂取と生産性という観点からも適正な長さを追求する研究が重ねられた。稲の切断長が長いと乾物摂取量が抑制されるので，切断長は短い方が望まれる。乳牛であれば乳量が高まることが期待できる。しかしその一方で，稲発酵粗飼料の場合，切断長が短いと子実の排せつ率が高くなるという問題が発生する。研究の結果，切断長が３cm前後であれば乾物摂取量の減少を抑制でき，子実の排せつ率も抑制できることが明らかとなった。先にロール内で穂の部分と茎葉の部分が均一に混ざるための切断長が３cmであることを述べたが，家畜の栄養摂取の面からみてもこの長さは合理的であったことになる。このように家畜の栄養摂取や嗜好性を踏まえた飼料給与から遡ってみても最適な切断長が決まったのである。稲発酵粗飼料の川下に当たる飼料摂取の適合性に関わるBC技術にM技術が対応した例といえる。

（３）給与方法

稲発酵粗飼料の給与方法については，実証試験を踏まえて具体的なノウハウが明らかとなった。乳用牛では，育成牛，乾乳牛，搾乳牛ごとに，さらに搾乳牛では泌乳期ごとに適正な給与技術が示されるようになった。肉用牛では，繁殖牛への給与は，粗たんぱくやアミノ酸含量が低いことから妊娠期の単味給与は避けるなど他の飼料との組み合わせが明確化され，利用方法が具体的に示された。肥育牛では増体，肉質への影響が検討され，物理性が稲わらに近く，嗜好性が良いことを踏まえて給与技術が明らかにされた。また，肥育過程でビタミンAの抑制をする場合は，予乾工程がない稲発酵粗飼料はビタミンAの前駆物質のβカロテンが含まれていることから給与は肥育前期と後期に限定して肥育中期は給与を控えるなどの給与方法の技術が明確となった。

稲発酵粗飼料の普及の初期段階では，飼料としての有用性を疑問視する声があり，稲発酵粗飼料は「牛が食べない」とさえいわれたこともあった[6]。

しかしながら，このように試験研究が積み重ねられ，評価を変えて行ったのである。稲発酵粗飼料の最終消費現場のニーズに合わせて，BC技術を適合させ，M技術による産物の出口を拡大したといえる。

第４節　細断型ホールクロップ収穫機の普及

以上のような技術の調整を行いながら，細断型ホールクロップ収穫体系は稲発酵粗飼料生産に導入され普及するに至っている。その様子を，引き続きT社製品を例にして，みることにしたい。

1）全国的動向

2001年から2014年までのT社のホールクロップ収穫機の販売台数の累積が稲発酵粗飼料の作付面積の推移とともに**図7-3**に示されている。

T社のホールクロップ収穫機の販売実績は，2001年では20台に満たなかったが，稲発酵粗飼料の作付面積の伸びとほぼパラレルに伸び，2015年には累

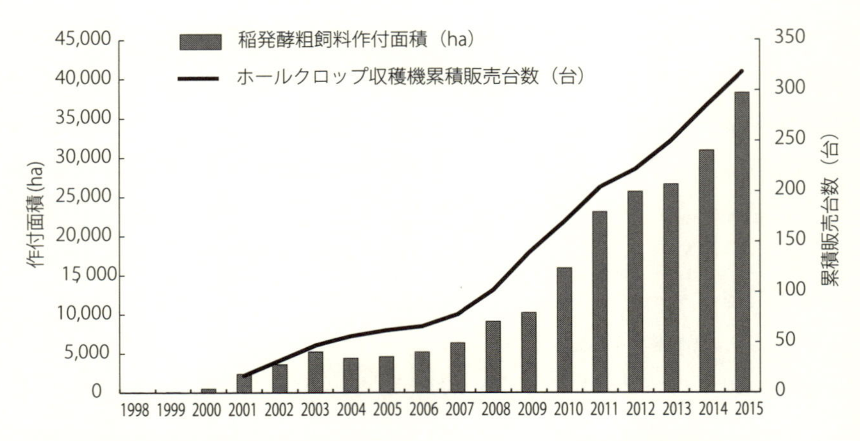

図7-3　稲発酵粗飼料作付面積とT社ホールクロップ収穫機累積販売台数

注：1）T社ホールクロップ収穫機販売台数は，T社資料による。
　　2）稲発酵粗飼料の作付面積は，図7-1と同じ。

計販売台数が300台を突破する水準まで増加を続けてきている。とくに細断型が販売された2008年からの増加幅が大きくほぼ一貫したペースで販売台数が伸びている。

稲発酵粗飼料の生産を拡大するために開発された収穫・調製の専用機械というM技術は，初期段階ではBC技術との調整が必要であり，課題をクリアしながら細断型ホールクロップ収穫体系として確立され，作付面積を拡大する要因のひとつとして作用したといえる。

2）地域別にみた動向

ここで地域別に細断型のホールクロップ収穫機の販売台数をみておくことにしたい。地域別に細断型ホールクロップ収穫機の販売台数を示したグラフが**図7-4**である。この棒グラフは，2002年から2015年までの販売実績を示している。これをみると，東北での販売台数が最も多く，次いで中国四国，関東・東山と続く。稲発酵粗飼料の最大の生産地域である九州での販売実績はその次となる。最大の産地において細断型ホールクロップ収穫機の販売実績

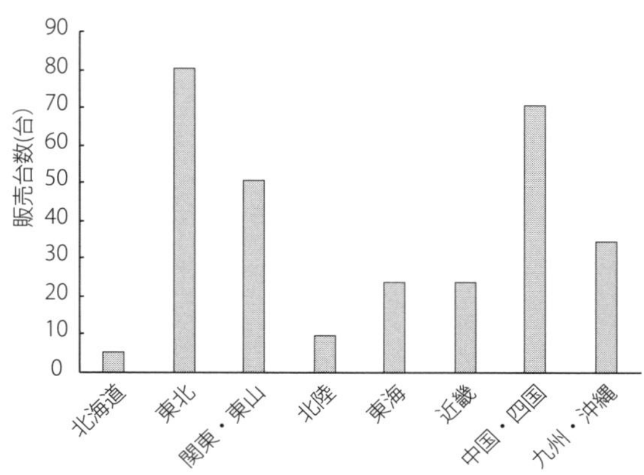

図7-4　地域別にみたT社のホールクロップ収穫機の販売台数（2002年から2015年累積）

資料：T社資料
注：１）地域区分は，農林統計の全国農業地域の区分による。
　　２）汎用型の収穫機は含まれていない。

が最多になっているわけではないのである。九州における販売台数は，東北の約４割，中国・四国の約５割の台数にとどまる。これは，販売チャネル等の問題ではなく，九州においては牧草用の機械による稲発酵粗飼料の収穫・調製が多いためである[7)]。牧草用の機械体系では，刈取り→予乾→集草→梱包という工程を経ることになり，予乾工程があることによって水分量を調整できるメリットがある。そして，予乾に時間を要するために刈取りから梱包までのトータルの所要時間は長くなるが，予乾以外の工程での作業処理スピードが速いため，機械作業効率は高い[8)]。九州では，作付面積規模が大きいことから作業適期内に収穫・調製を完了するために各作業工程での処理速度を重視する傾向があるといえる[9)]。

3）普及促進要因としての助成制度

以上，技術的対応から稲発酵粗飼料への細断型ホールクロップ収穫体系の普及要因についてみた。技術的な適合性なくして普及は期待できないことから，これまでみてきた技術的調整は細断型ホールクロップ収穫体系の普及にとって必要条件であるといえる。しかし，それだけでは十分ではない。最後に経済的な側面に触れておきたい。

すでにみたように，稲発酵粗飼料の生産増大には政策的な後押しがあった。具体的には助成金が増産への刺激となったといえる。その効果について試算した概要図が，**図7-5**である。10ａ当たりの稲発酵粗飼料の生産費用，収益を示している。生産費用は，愛知県のいくつかの事例の平均的な値を使って変動費（種苗費，肥料費，農薬費，動力光熱費，諸材料費，農具費，労働費）を想定し，細断型ホールクロップ収穫機の減価償却費を固定費として試算したものである[10)]。収益については，稲発酵粗飼料の取引価格と単収から10ａ当たりの販売収入を算出し，それに助成金を加えることによって算出した。稲発酵粗飼料の価格を18円/kg（現物），単収を2,500kg/10ａとしている。

図では助成金が，①ない場合，②35,000円/10ａの場合，③80,000円/10ａの場合の３通りを想定して10ａ当たりの収益を示す水平線を描いた。ここで

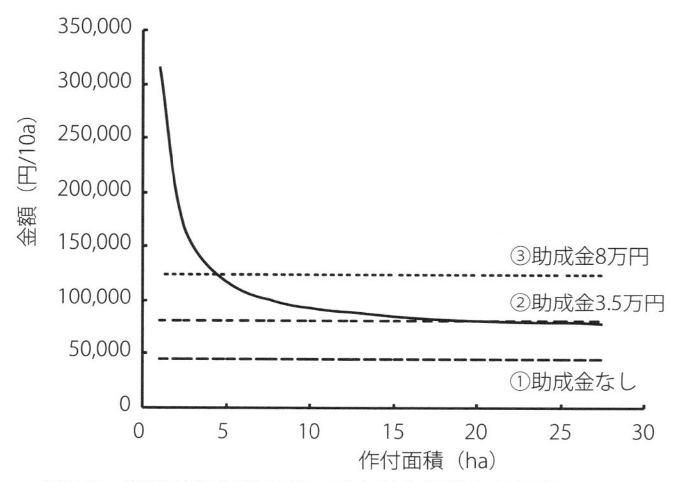

図7-5　稲発酵粗飼料の10ａ当たり生産費と収入額

注：１）堤ら（2010）をもとに試算し作成。
　　２）収入額は，稲発酵粗飼料の販売額と助成金の合計額。

の35,000円は水田等有効活用促進交付金，80,000円は戸別所得補償（現：経営所得安定対策）を想定している。これによると，助成金がない場合は，採算点を求めるのは現実的に困難な状態であるが，10ａ当たり35,000円の助成金が受給できると，作付規模が20haを超えたあたりで採算点となる。さらに，助成金が80,000円になった場合には，採算点は５ha辺りとなる。つまり，助成金によって，機械投資をしても採算がとれる状態を比較的小規模でもつくり出したといえる。耕畜連携の要件を満たすと，助成金は加算され，採算点となる作付規模はさらに小さくなる。

第５節　M技術の部門間移転と技術調整

稲を飼料化する試みは転作とともに始まったが，稲発酵粗飼料という形で本格的に技術開発が行われ，普及という道筋がついたのは2000年以降とみてよい。そこでは，収穫・調製の専用機がキーテクノロジーとなっており，細断型ホールクロップ収穫機はその中心的存在といえる。初代のホールクロップ収穫機はいくつかの難点があったが，技術的調整を経て進化し，細断型の体系が確立されたのである。そこにはメカニカルな開発・改良だけではなく，稲の品種改良，発酵調製，給与技術などのBC技術の開発が連動して細断型ホールクロップ収穫機の技術進化を支えてきたのである。

このような新たな技術の確立・導入によって稲発酵粗飼料の増産の途が開けたといえる。ホールクロップ収穫機は，排水条件等生産条件が好ましくない圃場での収穫・調製作業を可能にし，いわば技術的耕境を広げる役割を果たした。牧草体系の技術のみでは，その適用条件から稲発酵粗飼料の作付面積の拡大は，限定的なものとなる。稲発酵粗飼料のための専用機の体系が確立され，様々な技術的調整を果たしたからこそ，面的な拡大が実現し，適用畜種や飼育ステージが広がったといえる。

さらに，こうした技術の開発と調整を経た細断型ホールクロップ収穫機の普及を後押ししたのは，財政的な助成制度であった。細断型ホールクロップ収穫体系の導入は新たな投資となり，収穫機だけでも小売価格（カタログ・価格表）は１千万円を超える。その投資負担を軽減するために機械に対する補助事業があるが，普及のためにはこうした投資補助とともに，収益を恒常的に維持できる条件を整えることが重要である。その役割を果たしているのが，単位面積当たりの助成金である。助成金の受給は収入の水準を上げて，採算点となる規模を引き下げる役割を果たした。助成金がないかあっても低水準であれば採算が合わない技術も，助成金の水準が高くなれば採算点規模が小さくなり，多くの経営が導入可能な技術となる[11)]。助成金という制度的誘因によって新たな技術の導入が促され，経済的な意味で稲発酵粗飼料の耕境を広げたといえる。

このように飼料用とうもろこしや牧草の収穫作業で使われていた細断型ロールベーラを稲発酵粗飼料に適用するという機械技術の部門間移転は，飼料用稲の栽培から家畜への給与までの一連の過程における技術的調整が行われて初めて可能となる。こうした技術的調整によって稲発酵粗飼料の供給側の生産可能面積が広がり，需要側の給与対象家畜，給与対象ステージが拡大したのである。そして供給と需要の両面で広がった潜在的可能性を顕在化するためには，採算が合う条件をつくり出す支援施策が必要であったといえる。

注

１）特化係数を（対象地域の稲発酵粗飼料/対象地域の水稲作付面積）／（全国の稲発酵粗飼料/全国の水稲作付面積）として稲作における稲発酵粗飼料への集中度合いをみた場合，１を超えるのは，宮城，群馬，鳥取，島根，福岡，佐賀，長崎，熊本，大分，宮崎，鹿児島の11県である。このうち，福岡以外は，牛頭数/田面積の比率も稲作作付面積に対する稲発酵粗飼料作付面積率も中央値の１を超えている。このことは，地域内に稲発酵粗飼料の需要が一定以上あることが，稲作にける稲発酵粗飼料への資源配分を高める要因のひとつとして作用しているとみることができる。

２）本節は，主として浦川修司（2003），同（2015）及び吉田宣夫（2008）をもとに考察を行っている。

３）本書が対象としている細断型ロールベーラ体系は刈取部に自脱型コンバインの技術を利用しているためコンバイン型とも呼ばれ，倒伏した稲の収穫も可能である。専用収穫機にはこれ以外にフレール型が存在する。フレール型は，ソルゴーなどにも利用できる汎用性があるが倒伏した稲の収穫が難しいという弱点をもつ。

４）日本草地畜産種子協会（2014）参照。ここでは，地域別に奨励品種が紹介されている。

５）前掲書参照。この他に，浦川修司（2003），同（2015）参照。

６）吉田宣夫（2008）参照。

７）全国農林統計協会連合会の「平成20年度稲発酵粗飼料生産の実態等に関するアンケート調査」によれば，九州においては稲発酵粗飼料の収穫・調製の担当組織は畜産側であることが多く，使用する機械も牧草収穫体系であることが多い実態が示されている。

８）多くの場合，牧草体系の方が作業処理速度は速い。ただし，小型のロール体系であると，細断型ロールベーラの体系の方が処理速度が速くなることがある。

９）鹿児島県での農作業受託組織でのヒアリングによる。

10）堤公生ら（2010）に示された稲発酵粗飼料の生産費をもとに試算した。本稿では労働費は変動費として，稲の栽培過程の機械等の減価償却費は作業受委託が多く単位面積当たりの料金設定となっている実態を踏まえて変動費として試算している。稲発酵粗飼料の単収や価格については，愛知県の平均的な数値を使っている。

11）こうした助成金の在り方には議論があるが，稲発酵粗飼料の増産に結び付いて専用機械の導入を促す効果をもたらしたことは指摘できる。

引用・参考文献

［1］浦川修司「飼料イネ収穫と機械」『農業機械学会誌』Vol.65 No.6，2003年

［2］浦川修司「全国における稲WCSの推進状況および今後の飼料イネ研究方向」『日本草地学会誌』Vol.60 No.4，2015年

［3］岡山県畜産協会『稲発酵粗飼料（イネWCS）生産・利用の手引き』，2012年

［4］堤公生他「飼料イネ（稲発酵粗飼料）の導入及び定着に関する調査研究」，愛知県農林水産部，2010年

［5］農山漁村文化協会『最新農業技術　畜産』vol.1，農山漁村文化協会，2008年

［6］野中和久「稲WCSの酪農経営における効率的利用技術および肉牛経営における利用可能性」農研機構講演資料

［7］日本草地畜産種子協会『稲発酵粗飼料生産・給与技術マニュアル』2014年

［8］吉田宣夫「稲発酵粗飼料，飼料米の最近の研究開発」『びーふキャトル』11号，2008年

［9］全国農林統計協会連合会『稲発酵粗飼料生産の実態等に関するアンケート調査』全国農林統計協会連合会，2009年

（淡路　和則）

第8章

コントラクターによる稲発酵粗飼料生産の到達点
―近畿地方中山間地帯での取り組みを事例として―

第1節　問題の所在と課題の設定

1）稲発酵飼料の位置

わが国の酪農・畜産は「加工型」と特徴づけられるように，飼料を輸入に強く依存している。第1章（荒木）でも確認されるように2015（平成27年）度の純国内産飼料自給率は28％，うち純国内産濃厚飼料自給率は14％と，近年やや増加傾向にあるもののいずれも依然として低位である。こうした事態が酪農・畜産経営に及ぼす影響は広範にわたるが，生産費の4～7割を占める飼料費に及ぼす影響は看過できない。すなわち，外国為替市況や海運市況のほか，世界的な飼料需要動向と作柄，投機マネーの穀物市場への流入など，酪農・畜産経営における自助努力では克服不可能な要素が飼料の量的・価格的変動をもたらし，経営規模の大小を問わずその存在を脅かしているのである。2006年秋以降の飼料価格高騰により，酪農・畜産経営が厳しい経営環境に直面していることは周知の事実である。これとは別に，輸入粗飼料には病害虫混入や口蹄疫発生による輸入停止などのリスクも存在している[1)]。稲作も同様に危機的状況にある。1993年のガット・ウルグアイラウンド交渉におけるコメのミニマム・アクセスと1999年の関税化による輸入自由化，一方での消費量減少と価格下落など，稲作農家の再生産は極めて困難な状況にある。

これら酪農・畜産経営および稲作経営が直面する諸課題を一括して克服するための方途として位置づけられたのが，稲発酵粗飼料や飼料用米の推進である。「米政策改革の着実な推進により需要に応じた生産を推進するとともに，水田をフルに活用し，食料自給率・食料自給力の維持向上を図るため，飼料用米等の戦略作物の生産拡大を推進」[2]とあるように，長期的には人口減少・高齢化を要因として減少する主食用米を代替する需要先として自給率が極めて低い家畜飼料を位置づけ，稲作経営の生産技術・設備等を活かすことで自給飼料を安価に供給しようとするものである。第7章（淡路）でも示されるように，2009年の水田等有効活用促進交付金（現在の制度では「水田活用の直接支払交付金」であることからこれに統一する）の導入により稲発酵粗飼料と飼料用米の作付面積は急速に拡大し，自給飼料としての位置を確立しつつある。2008年からの7カ年で主要飼料作物の作付面積が31.4千ha減少する一方で，稲発酵粗飼料と飼料用米の作付面積は107.5千ha増加したことから，全体としては73.2千haの増加，2008年には全体の1.2％に過ぎなかった稲発酵粗飼料と飼料用米の作付面積の割合が12.1％にまで達しているのである[3]。

2）問題の所在と課題の設定

稲発酵粗飼料と飼料用米の作付面積の急増については，水田活用の直接支払交付金の導入のみならず，飼料生産組織として機能するコントラクターの存在も指摘しておかなければならないだろう。第2章（荒木）によって整理されるように，コントラクターは単独の家族経営における労働競合や資本の限界の克服を目的に設立されている。2000年頃より急速に増加しており，2003年に全国で317組織（北海道124，都府県193）であったコントラクターは2014年には606組織（北海道182，都府県424）とほぼ倍増している[4]。コントラクターによる飼料生産は，農地分散や農地所有権が依然として各経営に帰属することに起因する限界を内包しているが，個々の稲作経営内において主食用米生産と稲発酵粗飼料用稲・飼料用米生産が同時に行われる環境では，コントラクターが労働競合や資本の限界の克服において優位に機能すると判断されたと理解されよう。特に稲発酵粗飼料の場合には，従来の稲作用機械とは異なる機械類の導入が必要となることから，この傾向が顕著であったと推察される。

稲発酵粗飼料の生産を継続・拡大するためには，各経済主体における経済性が担保されなければならない。これについては多くの既存研究でも指摘されており，水田活用の直接支払交付金の存在が稲発酵粗飼料の生産継続・拡大において不可欠で，それを前提とした受託作業料によってコントラクターの経営が担保されていることが明らかにされており，結論に大きな違いを確認することはできない。ただし，稲発酵粗飼料や飼料用稲の自給飼料に対する位置が高まり，水田活用の直接支払交付金の増加に対する懸念が表明されていることから，各経済主体における経済性とこれからの方向性については改めて確認する必要があろう。

これとは別に，稲発酵粗飼料生産・利用において不可欠な仲介・調整機能をどのような仕組みで担保するかについての研究も蓄積されているが，理解は大きく異なっている。福田（2003）は生産及び管理調整コスト削減のためには，耕種部門と畜産部門との受委託におけるコントラクターまたは外部組織・機関による仲介・調整機能の充実が必要不可欠であり，仲介・調整機能が発揮されることによって，コントラクターがそれまで担ってきた稲わら収集や家畜糞尿処理もより有効に遂行されることを事例調査から明らかにしている。伊藤（2009）も，稲発酵粗飼料の品質や生産量の変動など各経済主体が負担するリスクを軽減するために受委託における仲介・調整機能の重要性について明らかにしている。これに対して甲斐（2006）は，稲作経営と畜産経営以外のコントラクターまたは外部組織・機関が仲介・調整機能を担うことによる意思疎通に対する懸念から，顔のみえる小グループでの信頼関係の構築が仲介・調整機能を担保すると指摘している[5)]。

そこで本稿では，これらの稲発酵粗飼料生産の胎動期の議論を踏まえながら，稲発酵粗飼料が自給飼料としての位置を確立しつつある現在のコントラクターによる稲発酵粗飼料生産の到達点について，各経済主体における経済性と仲介・調整機能に注目しながら，事例調査に基づき明らかにしていきたい。

第２節　U生産組合による稲発酵粗飼料コントラクター事業

U生産組合は，S県K市で稲発酵粗飼料用稲の収穫およびラッピング作業を請け負うコントラクターである。当該地域では湿田が多いことから麦や大豆などへの転作が困難であり，かつ地域内に酪農経営も存在することから，コントラクターによる稲発酵粗飼料への取り組みが地域農業に果たす意義は大きいと考えられる。

1）組合設立の経緯

U生産組合は，地域の稲作経営者２名と就農を希望していた１名，計３名のグループによって2008年に設立された。いずれも30代と若く，稲作経営以外にも収入を確保することで稲作経営の安定を図る必要があると認識しており，2007年に転作請負を目的とした組合設立がグループ内で検討された。当初は飼料価格高騰を鑑み，地域内酪農経営向けのデントコーンの作付けを中心に事業計画が検討されたが，稲発酵粗飼料に対する助成手続き，耕種部門と畜産部門との受委託における仲介・調整をK市農業再生協議会にて行うことがS県農業技術振興センターより提案されたほか，稲作経営が保有する機械類で収穫前までの作業が可能なこと，隣接するH町での稲発酵粗飼料への取り組みを通じたノウハウの蓄積もあって，収穫とラッピング作業請負を目的とする組合として設立されることとなった。

図8-1は各経済主体とK市農業再生協議会におけるそれぞれの役割と相互関係を示している。K市農業再生協議会は，稲作経営，酪農経営，コントラクターなどK市内の農業従事者と，当該地域のJA，S県農業技術振興センター，K市産業経済部農業振興課によって構成されており，運営費は農業振興政策の一環として市によって負担されている。K市産業経済部農業振興課が事務局を担当し，稲発酵粗飼料生産及び利用における仲介・調整機能を果たしており，県農業技術振興センターが技術情報の提供を行っている。以下では，

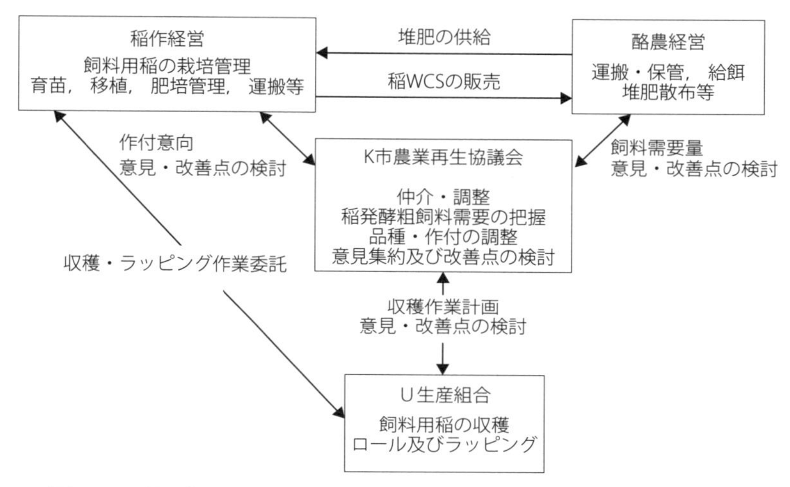

図8-1　S県K市における稲発酵粗飼料生産・利用拡大に向けた取り組みと仲介・調整システム
資料：U生産組合へのヒアリング調査（2013年9月）。

K市農業再生協議会における具体的な仲介・調整機能について整理していきたい。

2）品質向上と作業平準化

組合が設立された2008年度の請負面積は16haであったが，2013年（調査時）には60haにまで拡大している[6)]。組合設立から６年目で３倍以上にまで請負面積が拡大した要因として注目すべきは，稲発酵粗飼料の品質向上と収穫作業の平準化であろう。

稲発酵粗飼料の品質向上を図るためには，黄熟期での収穫のほか，適切な水分含量や包装密度，密封の確保などが求められるが，コントラクターによる収穫では，黄熟期の集中や機械類および人的資源の制約等から，それらに十分に応じることが難しいという限界がある。また，黄熟期に機械類および人的資源が不足する一方，それ以外では稼働率が著しく低下するという問題も内包している。

表 8-1　K 市農業再生協議会での作付調整の例

稲作経営	調整前				調整後				備考
	収穫期（黄熟期）				収穫期（黄熟期）				
	第１週	第２週	第３週	第４週	第１週	第２週	第３週	第４週	
A	━━			━	━━			━	
B	━━		━		━━		━		
C	━	━		━		━━		━	作付期調整
D	━━						━━		品種変更
E	━			━━	━			━━	
F		━━		━		━━		━	

資料：図 8-1 に同じ。

これを克服するために，K市農業再生協議会において需要量把握とそれに基づく品種を含めた作付調整が行われている。当該地域では作付調整により概ね１カ月程度の黄熟期を確保することができるため，稲作経営で選択される品種，作付面積，水田の位置および予定される収穫時期の把握は，稲発酵粗飼料の品質向上とコントラクターによる作業の平準化ための鍵となっている。**表8-1**はA集落の稲作経営における黄熟期の分布について，K市農業再生協議会による調整前と調整後の変化を示している。基本的にはそれぞれの稲作経営の意向を尊重しながらも，地域全体での黄熟期を最大化させるとともに黄熟期となる水田を地理的に集約するために，コントラクターの作業能力を勘案しながら，K市農業再生協議会においてこれらが調整されているのである。ここまでの過程では，調整を求められる稲作経営に不満が残る可能性もある。しかしながら基本的にK市内での取り組みであることから稲作経営もコントラクターも顔の見える関係にあり，状況に応じてコントラクターによる収穫作業時間を延長するなど柔軟に対応できるほか，コントラクターを運営するU生産組合員が稲作経営にも従事しており，ここでも調整が可能となっていることから，K市農業再生協議会での調整で当該年度の作業計画は確定されている。

K市農業再生協議会での作付時期・品種やそれに基づく収穫順序にまで立

ち入った仲介・調整がコントラクターの作業平準化と品質向上を担保しているが，そこでの仲介・調整結果は，稲作経営とコントラクターが顔の見える関係にあることと，コントラクターであるU生産組合の組合員が稲作経営に従事しているという二重のバッファーによって容認されていると理解されよう。

3）U生産組合の事業損益

稲発酵粗飼料用稲が一つの作物として地域で定着するためには，稲作経営における収益の安定のみならず，収穫作業等を請け負うコントラクターの収益が確保されることも条件となる。以下では，**表8-2**に示される試算に基づき，U生産組合の事業損益について整理したい。

表 8-2　U生産組合の事業損益（試算）

（円）

費用				収益			
項目	単価	数量	金額	項目	単価	数量	金額
機械設備類減価償却費[2)]				受託作業料			
ホールクロップ収穫機				収穫（10a）	16,000	600	9,600,000
ロールベーラ		2	2,040,000	ラップ（ロール）[1)]	1,500	5,400	8,100,000
ラップ機		2	600,000				
グリッパー（運搬機）		2	300,000				
機械設備類更新積立費[3)]							
ホールクロップ収穫機							
ロールベーラ		2	2,040,000				
ラップ機		2	250,000				
グリッパー（運搬機）		2	130,000				
メンテナンス費[4)]			2,500,000				
燃料費[4)]			350,000				
人件費（時）[5)]	2,500	960	2,400,000				
消耗品[6)]							
ラップ（本）	10,000	270	2,700,000				
税引前利益[7)]			4,390,000				
合計			17,700,000				17,700,000

資料：図 8-1 と同じ。
注：1）10a あたり平均９ロールで試算。
2）細断型ロールベーラー2,850 万円（1,050 万円+1,800 万円），ラップ機 600 万円（300 万円×2 台），運搬機 300 万円（150 万円×2 台）にそれぞれの助成率を加味して法定耐用年数７年で試算。
3）助成なしの場合での減価償却費から現在の減価償却費を差し引いた金額。
4）2012 年度の金額。
5）細断型ロールベーラー1 台・1 時間あたり作業面積 20a，移動時間を含めて 1ha/1 日（8 時間），二人一組で試算。
6）1 本で 20 ロール（8 層巻），10a あたり 9 ロール，受託面積 60ha で試算。
7）事例における人件費以外の販売費及び一般管理費は僅少であることからこの試算では考慮に入れていない。

導入されている機械類は，細断型ホールクロップ収穫機および細断型ロールベーラ（汎用型）が各１台（いずれもネットによるロール形成まで），ラップ機２台，グリッパー２台となっている[7)]。組合設立当初は細断型ホールクロップ収穫機，ラップ機，グリッパー各１台の導入であったが，請負面積の拡大と細断能力の高さから2012年度に細断型ロールベーラなどが導入されている。細断能力は嫌気性発酵が求められる稲発酵粗飼料において発酵を規定する要素の一つであり，需要者である酪農経営からは設立当初に導入された細断型ホールクロップ収穫機で収穫したロールよりも新たに導入した細断型ロールベーラのほうが家畜の採食性において優れているとの評価を得ている。

機械導入に対する助成は名称変更があったものの，いずれも助成率は収穫機50%，そのほかが30%となることから，U生産組合の負担は合計で2,050万円，法廷耐用年数が７年であることから，減価償却費は290万円／年となる[8)]。ただし，機械類更新に際しては助成の適用を受けることが困難なことから，240万円／年の内部留保が別途必要となることに留意が必要である（機械類更新に際して助成後の取得原価に対する減価償却費で不足する部分について，本稿では機械類更新積立として費用計上する）。これにメンテナンス費，燃料費，ロールおよびラッピング資材などの消耗品のほか，人件費が必要となる。2013年調査時の支出は13,310千円となり，うち機械類減価償却費（2,940千円，22.1%），機械類更新積立（2,420千円，18.2%），メンテナンス費（2,500千円，18.8%）だけで生産費全体の約60%を占めていることから，機械稼働率の高低が事業損益において重要な要素となっている。

人件費は2,400千円（受託面積60ha）となっており，生産費全体に占める割合は18.0%と，機械類関連費と比較して低位となっている。オペレーターの賃金は営農で得られる所得を勘案して2,500円／時と設定され，作業時間に応じて支払われる。基本的に組合員がオペレーターとして出役するが，それぞれが稲作経営に従事していることから，繁忙期には稲作経営からオペレーターを雇用して対応している。

U生産組合の事業収入は受託作業料のみであり，固定的作業料として10ａ当たり16,000円，従量的作業料として１ロール当たり1,500円を稲作経営より受け取っている。10ａ当たりロール数は品種や栽培管理によって異なるが，８～10ロール（稲発酵粗飼料専用種の場合には10～15ロール）程度であることから，10ａ当たりの平均受託作業料は概ね30,000円程度，総額で17,700千円となる。したがって，メンテナンス費用が稼働年数や稼働状況に応じて変動することを考慮しても，現在の受託作業料と賃金であれば事業として存続することが可能となっている[9]。ただし，時間当たり賃金は近隣の他産業従事者と比較しても遜色のない水準ではあるが，繁忙期には雇用労働力にも依存することから，組合員にとってのU生産組合からの収入は追加的な位置となっていることに留意が必要である。

４）稲作経営と酪農経営における稲発酵粗飼料の経済的意味

稲発酵粗飼料用稲を作付けした場合，稲作経営は水田活用の直接支払交付金より10ａ当たり80,000円の直接支払いを受けることになる。ここから委託作業料を差し引くとおよそ50,000円となるが，酪農経営へのロール売渡価格が3,200円で，平均して９ロール収穫されることからほぼ80,000円となる。調査時は当該地域における一般的な稲作経営と比較して遜色ない水準に近づきつつあったが，近年の主食用米価格の下落によって稲発酵粗飼料用稲の作付けが収益面でも若干有利になっている[10]。販売先が近隣の酪農経営であり，稲作経営か酪農経営のどちらかが直接運搬するため，物流経費がほとんど発生しないこともこの要因となっていることを指摘しておく必要があろう。

稲発酵粗飼料専用種では主食用種と比較して２～７ロール多く収穫できる場合もあり，稲作経営においては主食用種よりも収益面で優位となるが，調査事例では多くが主食用種であった。その理由は以下に整理されよう。一つは前述のとおりコントラクターにおける作業平準化のため，収穫量だけで品種を選定することは極めて困難であり，収穫期の調整も視野に入れた品種の選択が不可欠となっていることである。二つは，稲発酵粗飼料用稲を生産す

表 8-3　稲 WCS の栄養価

	熟期・品種		水分	DM 中（%）		
				CP	TDN	NDF
稲 WCS	出穂期		69.3	8.8	50.2	59.9
	糊熟期		65.2	7.8	54.6	48.3
	黄熟期		65.7	7.0	55.8	48.5
稲わら	-		68.8	7.1	42.9	59.9
乾牧草	スーダン	（1番・出穂）	15.5	6.9	54.5	62.5
		（2番・出穂）	10.4	4.7	52.1	61.3
	チモシー	（1番・開花）	14.1	10.1	62.2	64.8
	アルファルファ	（1番・開花）	16.8	19.1	57.7	44.1

資料：滋賀県農業技術振興センター『稲 WCS 利用の手引き（2014 年 11 月）』より転載。

る稲作経営においても主食用米生産が行われており，稲発酵粗飼料用稲の作付割合が前年度の主食用米販売価格との比較によって決定されるため，稲発酵粗飼料専用種から食味が重視される主食用種への転換に際しての混種問題と，近隣水田への稲発酵粗飼料専用種から主食用種への花粉のドリフト問題が懸念されることである[11]。

酪農経営においても，輸入粗飼料に対する稲発酵粗飼料の経済的優位性を確認することができる。**表8-3**によれば，黄熟期に収穫された稲発酵粗飼料は，DM（乾物）中のCP（粗蛋白質）とTDN（可消化養分総量）の値から，輸入乾牧草のなかでもスーダン（１番・出穂）の代替に適しているとされている[12]。残念ながら統計資料の制約から個別の価格を把握することはできないが，2014年度の輸入乾牧草農家庭先価格は109円/TDNkgとなっている[13]。これに対して，稲発酵粗飼料の酪農経営庭先価格は上記のとおりであるが，水分含有率が糊熟期・黄熟期収穫で65％程度であること，DM中のTDNが55％程度であることを踏まえて試算すると68円/TDNkgとなり，平均的な輸入乾牧草よりも大幅に割安な粗飼料となっている[14]。

第３節　コントラクターによる稲発酵粗飼料生産の到達点
—むすびに代えて—

U生産組合による稲発酵粗飼料コントラクター事業は，K市農業再生協議会による需要量把握とそれに基づく品種を含めた作付調整にまで踏み込んだ仲介・調整の支援もあり，事業損益の点から事業の継続が可能となっている。また，稲発酵粗飼料の需要者である酪農経営におけるロールの品質に対する評価は高く，価格面でも既存粗飼料と比較して安価なことから継続的な供給が求められているだけでなく，稲作経営においても主食用米と遜色ない水準の収入が確保されている。これらの点から，U生産組合による稲発酵粗飼料コントラクター事業は，地域営農を支える新たな柱になっていると評価できよう。

ただし，U生産組合による稲発酵粗飼料コントラクター事業は限界に逢着しつつある。現在の機械設備および人員で60haの受託作業を行う場合，最低でも30日程度を要している。天候等による作業の遅れを考慮すれば，作業請負地域における黄熟期での収穫にはこれが限界とならざるを得ない。一方で，主食用米生産から稲発酵粗飼料用稲生産への転換を求める稲作経営は，当該地域に限定せず主食用米価格の低迷から増加する傾向にある。

これらを克服するには，機械設備および人員の拡充（またはより大型の機械設備導入）と請負地域の拡大が求められよう。しかしながら，調査事例において確認されたように，（１）作業平準化と稲発酵粗飼料の品質を維持するためには需要量把握とそれに基づく品種を含めた作付調整が不可欠であり，広域化するほど調整が困難とならざるを得ないという課題が発現する。地域内であればK市農業再生協議会による仲介・調整以外にも稲作経営との意見交換を行う機会があることから各種調整が可能となるが，広域化するほどそれがより困難とならざるを得ないのである。換言すれば，広域化は稲発酵粗飼料の品質を低下させる要因として作用する可能性を内包していると考えられよう。また，（２）広域化による移動時間増加は，実質的作業時間を圧迫することから受託作業料の引き上げ要因として作用する。そのほか，（３）機械設備拡充またはより大型の機械設備導入による減価償却費の増大という問題も発現してこよう。**表8-4**は海外メーカーの最新大型機を導入した場合の試算である[15)]。この試算に基づけば，少なくとも作業受託面積の２倍とな

表 8-4　海外メーカー（O社）製最新大型ロールベーラによる生産コスト（試算）

（単位：EUR）

受託作業面積（ha）		60	90	120		150	
年間生産ロール数		2,400	3,600	4,800		6,000	
時間あたり生産ロール数		10	10	10	20	10	20
ロールあたり費用	減価償却費	14.88	9.92	7.44	7.44	5.95	5.95
	メンテナンス費	0.84	0.60	0.47	0.47	0.40	0.40
	燃料費	1.00	1.00	1.00	0.50	1.00	0.50
	支払利子	1.56	1.04	0.78	0.78	0.63	0.63
	人件費	4.00	4.00	4.00	2.00	4.00	2.00
	消耗品（ラップ）費	2.70	2.70	2.70	2.70	2.70	2.70
生産費合計		24.98	19.26	16.39	13.89	14.68	12.18

資料：O社ヒアリング調査（2015年９月）。
注：１）本体価格　€250,000（日本仕様・メーカー希望小売価格）
　　２）減価償却期間　７年
　　３）メンテナンス費　本体価格の５%/年
　　４）借入金利息　３%/年
　　５）人件費　€40.00/２人・時
　　６）燃料費等　€10.00/時

る120haを現在と同じ作業時間（１時間あたり作業面積40ａ）で行うことができればロール生産受託費用とほぼ同水準となる計算になるが，一筆面積の狭さを勘案すれば，大型機械導入による作業効率の向上には限界があることから，中小規模のコントラクターでは損益分岐点に到達するまでの受託作業面積を確保することは極めて困難とならざるを得ない[16)]。

加えて，広域化は物流費問題も内包している。酪農経営が地域内にある場合には，稲作経営は酪農経営までの輸送費をほとんど考慮する必要はないが，広域化にともない物流費を負担する必要に迫られることになる。稲発酵粗飼料は，水分含有率の高さと容積の大きさから取引価格に対する運賃の割合が高位になるという財特性を有しており，広域流通には不利な財である。農水省による調査でも広域流通（30km以上）を行っているコントラクターは回答した454組織のうち僅かに25%で，広域流通を行っているコントラクターの25%（複数回答）が広域流通における課題として物流費と回答している[17)]。

またこれとは別に，水田活用の直接払交付金増大に対する財政当局の懸念が高まりつつあることも指摘しておかなければならない。近年における稲発酵粗飼料用稲および飼料用米作付の急速な拡大が水田活用の直接払交付金によるところが大きいことは，すでに指摘したとおりである。しかしながら，農水省の計画通りに作付けが拡大すれば2025年に1,660億円にまで達することに対して，財務省より計画の修正を迫られているほか，主食用米から稲発酵粗飼料用稲および飼料用米への作付転換にともなう主食用米作付面積の減少による米価上昇に対して外食・中食産業からの批判も高まっている[18]。一つの対策として飼料専用種への作付転換による生産拡大とそれに限定した交付金交付が検討されているが，残念ながら財政面と主食用米消費の視点からの対応策でしかなく，稲発酵粗飼料や飼料用米生産の視点が十分に考慮されているとは言えない。調査事例でも確認されたようにその転換は容易ではく，主食用米生産と稲発酵粗飼料用稲生産との融通が困難となることから，それぞれの需給バランスや市場価格に応じた調整に基づく水田のフル活用は不可能となろう。

上記のように，機械設備拡充及び広域化によるコントラクター事業の拡大には限界があり，また主食用種から飼料専用種への転換にも限界が確認される。したがって，稲発酵粗飼料を軸としながらも，別の方途によって自給飼料生産の拡大を模索することが求められよう。ここで注目されるのが細断型ロールベーラの飼料作物以外の用途である。**表8-5**で示されるように，海外では食品製造副産物などが細断型ロールベーラで成形され，発酵後に飼料として利用されている。細断型ロールベーラは高密度で密閉されたロールを成形することができる点に優位性があることから，保管・輸送の効率化と嫌気性発酵による保存性向上が不可欠とされる食品循環資源の飼料利用において有効な手段となっている。オーストラリアの事例でも，飼料作物に加えて柑橘パルプやアーモンド殻といった食品製造副産物も同一事業者によって活用されている。同時にロールあたりの機械設備関係費の節減にも有効となろう。第２節でも確認したように，稲発酵粗飼料コントラクター事業において減価償却費をはじめとした機械設備費関係費が事業経費の中心を占めている。コントラクター事業の安定的発展と飼料価格低減を図るためには，ロール当たり機械設備関係費の低減が不可欠となっているが，細断型ロールベーラによ

表 8-5　海外における細断型ロールベーラの利用事例

用途	国名	原料	事業
飼料	ベルギー	トウモロコシ　砂糖パルプ ビール粕	廃棄物処理業
	トルコ	トウモロコシ　砂糖パルプ	農業コントラクター
	エジプト	稲わら	農業・廃棄物コントラクター
	オーストラリア	エン麦　牧草　柑橘パルプ アーモンド殻	飼料製造業
	ブラジル	トウモロコシ　TMR 破砕大麦・小麦・エン麦の混合物	飼料製造業
	中国	TMR	飼料製造業
	日本	TMR	飼料製造業
	レバノン	トウモロコシ	飼料製造業
	日本	醤油粕	醤油製造業
	ポーランド	砂糖パルプ	砂糖製造業
エネルギー	イギリス	産業廃棄物（RDF 用）	廃棄物処理業
	イギリス	トウモロコシ　大豆	エネルギー業

資料：表 8-4 と同じ。

って稲発酵粗飼料のみならず食品循環資源の飼料利用も図ることで，飼料専用種への転換による反収増や受託作業地域の広域化を図ることなくロール当たり機械設備関係費の低減が可能になると考えられるのである[19)]。ここに，稲発酵粗飼料を軸とした自給飼料生産拡大の可能性を見出すことができるのではないだろうか。そして，主食用米と稲発酵粗飼料用稲の生産が１つの稲作経営で同時に行われる状況においては，耕種部門と畜産部門との受委託における組織的な仲介・調整機能だけではなく，また顔の見える関係だけでもない，それぞれを補完した地域レベルでのコントラクターの存在が不可欠となろう。

注

1）加熱処理が不十分なことによる中国産稲わら輸入停止措置（2005年５月～2007年８月）や，中国・大連における口蹄疫発生による中国産稲わら輸入停止措置（2012年11月～2013年３月）などが近年における代表となる。

2）「食料・農業・農村基本計画（平成27年３月31日閣議決定）」

3）数値は，農林水産省大臣官房統計部「農林水産統計―平成28年度水稲の作付面積及び９月15日現在における作柄概況」平成28年９月30日公表による。

4）数値は，農林水産省「コントラクターをめぐる情勢」平成27年６月による。

5）甲斐（2006）は，「畜産農家，耕種農家ともに責任の所在が不明確になるおそれがあった。苦情や問題が第三者機関に向けられ，農家同士の意見が直接伝わらず，耕種農家は検査に合格し，助成金さえもらえればよいという作り捨て傾向が懸念された」と説明している。

6）隣接するH町の稲発酵粗飼料コントラクターからの作業受託分を含む。

7）両者の差違については淡路（第７章）を参照のこと。

8）2008年の法改正により，2009年分申告から農業用機械および装置の耐用年数が変更され，当該機械については７年とされている。

9）本試算においては諸税および借入金に対する利息について考慮していない点に留意されたい。

10）2013年調査時，当該地域での主食用米１俵当たり概算金がおよそ12,000円であった。10ａ当たり８俵で試算すると96,000円となるが，収穫および収穫後作業の経費を考慮すると，稲作経営が稲発酵粗飼料用稲の作付から収穫前までの作業を行い，収穫・ラッピング作業のみを委託した場合の収入とほぼ同水準となる。2015年産の当該地域の概算金が10,500～11,000円となっていることから，収穫量を2013年と同条件とした場合には稲発酵粗飼料用稲の作付が収益において若干優位になっている。

11）これらの懸念については，調査事例以外にも三重県津市でのヒアリング調査（2015年及び2016年）においても確認された。詳細は拙稿（2017）を参照されたい。

12）NDFの値がスーダン（１番・出穂）より若干低位かつ消化率も低位であることに留意する必要がある。また収穫方法によっては籾の多くが未消化で排出されるものもあるので，実際のTDNはこれよりも低位に見積もる必要があるなどの注意も必要である。詳細は，滋賀県農業技術振興センター（2014）を参照のこと。

13）数値は農林水産省生産局「飼料をめぐる情勢」平成28年９月に基づく。

14）１ロールあたり重量は300kg～320kgであるが，発酵による水分蒸発を加味すると４ロールがおよそ１ｔになることから，酪農経営庭先価格はｔ当たり13,000円となる。TDN １kg当たり価格＝13,000円÷1,000kg×(100/(100-65))×(100/55)で求めた。

15）表中の本体価格は日本仕様のメーカー希望小売価格である。これ以外に運賃等の諸経費が必要となるが，日本での販売代理店における値引きなどを考慮すると，ほぼ同額となる。

16）U生産組合において導入されている機械で成形される稲発酵粗飼料の重量は300～320kgであるが，新型の大型機械の場合は800～1,000kgとされている。素材により１ロールあたりの重量が異なることから単純な比較はできないが，現在の生産水準に基づき試算では大型機械で10ａあたり４ロール生産できるとした。

17) 数値は農林水産省「コントラクターをめぐる情勢（コントラクター調査結果より）」平成29年２月に基づく。また，稲発酵粗飼料を含めた粗飼料の広域流通に関わる諸問題については，財団法人日本草地畜産種子協会『粗飼料広域流通実態調査報告書―平成24年度被災地粗飼料生産利用円滑化緊急対策事業―』平成25年３月を参照されたい。

18) 日本経済新聞2016年10月30日（朝刊）および2016年11月５日（朝刊）。

19) 食品循環資源の飼料利用においては，量的・内容的な季節変動への対応のほか，需給接合・調整における課題が残されているが，本稿の課題を超えることからここでの考察対象とはしなかった。詳細については，拙稿（2010）および拙稿（2013）を参照されたい。

引用・参考文献

[１]福田晋「コントラクターが担う稲発酵粗飼料生産システムと今後の課題―千葉県干潟町農事組合法人「百万石」―」『畜産の情報』2003年10月号，農畜産業振興機構，2003年，pp.6-12

[２]甲斐諭「構築連携による国土に根差した地域資源循環型畜産経営の確立―宮崎県国富町の飼料イネとたい肥の需給システムを事例として―」『畜産の情報』2006年11月号，農畜産業振興機構，pp.4-15

[３]伊藤房雄「稲発酵粗飼料生産の普及・拡大の可能性―宮城県農業公社の事例分析―」『畜産の情報』2009年９月号，農畜産業振興機構，pp.55-63

[４]滋賀県農業技術振興センター『稲WCS利用の手引き』2014年11月

[５]森久綱「食品加工残さ・廃棄物の飼料利用における調達システムの変化と課題―M・TMRセンターを事例として」『農業問題研究』2010年，pp.38-48

[６]森久綱「飼料市場」美土路知之・玉真之介・泉谷眞実編著『食料・農業市場研究の到達点と展望』筑波書房，2013年，pp45-62

[７]森久綱「飼料用米を活用した養豚経営における取り組みの到達点」『畜産の情報』2017年４月号，農畜産業振興機構，2017年，pp.42-51

（森　久綱）

第9章

飼料調製技術革新への地域別・経営形態別対応
─北海道・九州の飼料生産組織を中心に─

第1節　本章の課題

わが国の飼料自給率は低迷している。農林水産省の調査によれば，その割合は1980年以降25～28％で推移しており，30年以上にわたってほとんど変化していない。直近の2015年におけるその割合は28％であった[1)]。仮にこの飼料自給率を向上させることができるならば，40％を切る水準にまで低下した供給熱量自給率も，同時に向上させることができるだろう。また，購入飼料を減らし，自給飼料を活用する経営が増加するので，コストの削減ならびに農業所得の向上を実現する経営も増加することになるだろう。これらの達成を導くものとして注目されているのが，本書で焦点を当てている細断型ロールベーラである。

しかし，細断型ロールベーラは，後述するように高額な機械である。しかも，導入時に取得できる補助金の交付対象が概ね組織となっていることから，農家単独での購入が容易ではないといった特徴を有している。したがって，その購入者の大半は，TMRセンター，機械利用組合，民間コントラクター，農協などいった組織となっている。もちろん，農家が単独で購入しているケースもあるが，その一般的傾向は，組織の一員となって機械を利用するか，あるいは機械を導入した組織に作業委託を行うかのいずれかとなっている。また，機械を所有・利用する主体は，このように多様であるのだが，その最適な形態は，地域の状況に応じて異なることが想定される。

こうした現状を踏まえ，以下では，細断型ロールベーラを利用している3つの事例の実態分析を通じて，それを導入するにあたっての課題や諸対策を整理する。そして，それを利用するには，どのような経営形態を選択するのが適切であるのか，地域の状況を考慮した上で検討する。これが本章の課題である。

本章の手順は，次のとおりである。本節に続く第２節では，年次別及び経営形態別にみた細断型ロールベーラの導入状況について確認する。その状況を把握した上で，第３節以降では，代表的な３つの経営形態の実態分析を行う。具体的には，第３節で機械利用組合，第４節で農協コントラクター，第５節で個別農家を取り上げる。最後の第６節では，３事例の実態分析の結果を踏まえ，地域の実情に即した細断型ロールベーラを利用する主体の経営形態について検討する。

第２節　経営形態別にみた細断型ロールベーラの導入状況

細断型ロールベーラの導入・利用状況が把握できる資料は存在しない。そこで，この状況を把握するために，機械メーカー２社に依頼し，細断型ロールベーラの年次別及び経営形態別の販売実績に関する資料を提供してもらった。それを参考にして，2005年以降の細断型ロールベーラの経営形態別導入台数を累計して示したのが，**図9-1**である。

２社の販売台数，すなわち利用者の導入台数の累計は，2015年現在，120台となる。うち個別農家による導入は24台であり，そのほかの96台は組織による導入となる。冒頭でも述べたように，大半が組織による導入となっているのだが，個別農家による導入台数も決して少ないわけではない。図にみるように，その数は2007年から２カ年にわたって急増し，2008年には総累計台数の34.3％を占める12台に達した。しかし，補助金の交付対象が原則として組織となっているため，漸次，個別農家による導入は停滞し，2013年以降，その累計台数は横ばいで推移している。

続いて，組織の導入状況を，経営形態別にみてみる。2015年現在，最も累計台数が多い形態はTMRセンターで，その数は34台であった。以下，民間

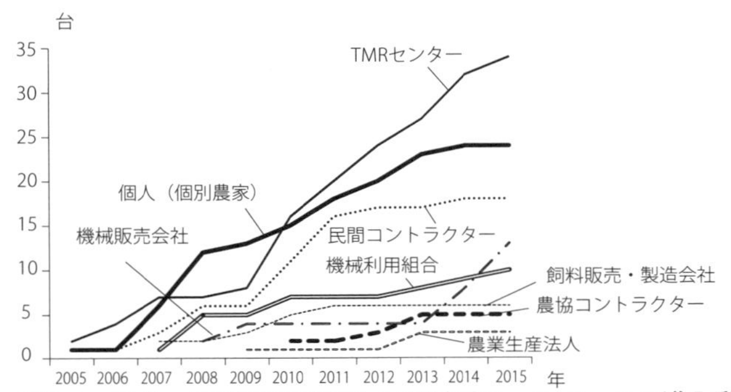

図9-1　経営・組織形態別にみた細断型ロールベーラの導入動向

注：Ａ社およびＢ社提供資料を参考にして作成。

コントラクター（18台），機械販売会社（13台），機械利用組合（10台），飼料販売・製造会社（６台），農協コントラクター（５台）の順に多くなっている。これらの動向を概観すると，コンスタントに台数を増やしているのがTMRセンター，漸増傾向にあるのが民間コントラクターと機械利用組合，横ばい傾向にあるのが飼料販売・製造会社と農協コントラクターとなる。唯一，特異な動向を示しているのが機械販売会社で，2014年以降，導入台数が急増し，累計台数は民間コントラクターに次いで多くなっている。ただし，これらの中にはメーカー間の転売も含まれているため，その実績を他の形態と同列に扱うことはできない。

さて，累計台数が最も多いTMRセンターであるが，その多くは協業経営となっている。したがって，そこで製造される飼料は，まず組織の構成員へ供給され，原則として構成員の需要を上回る余剰飼料が発生しない限り，構成員以外の農家に供給・販売されることはない。そのためTMRセンターに対し，大量かつ安定的に飼料の供給を期待することは，現実的とは言えない。

また，この形態は，組織化や協業化の意義が多くの農家に認識され，実際にこうした取り組みが盛んに実践されている地域であれば，比較的容易に設立できると考えられる。しかし，反対に農家の個別志向が強い地域においては，容易に設立できるとは言い難い。藩政村の歴史がなく，散村が基本形態となる北海道の農村の多くはこれに該当するのであるが，こうした農家の個別志向が強い地域で，安定的に飼料供給を行うシステムを構築するとなれば，協業を基本とするTMRセンターではない主体をシステムの中枢に配置した方が，より効果が得られると考えられる[2)]。

そこで注目されてくるのが，機械利用組合とコントラクターである。前者の機械利用組合は，協業ほどタイトな連携を必要とせず，それゆえに農家の個別志向が強い地域においても，比較的容易に設立できるといったメリットを有している。また，後者のコントラクターは，細断型ロールベーラを導入し，それを活用して作業受託を行えば，当該地域内の多くの農家に対し，高品質粗飼料を大量かつ安定的に供給できるチャンスが生まれるといったメリットを有している。

以下では，こうしたメリットを有する経営形態を中枢に配置して，細断型ロールベーラを活用した飼料供給体制を構築しているシステムの実態分析を行う。具体的には，第一に機械利用組合を核としたシステムとなる北海道鶴居村Sトラクター利用組合の事例，第二に農協コントラクターを核としたシステムとなる宮崎県こばやし農協の事例，そして第三に北海道弟子屈町の個別農家の事例を取り上げる。

第三の形態として，組織ではない，しかも細断型ロールベーラの導入が停滞傾向にある個別農家を取り上げているが，その理由は，比較的設立が容易な機械利用組合やコントラクターでさえも，設立困難な地域が少なからず存在すると考えられるからである。このような地域においては，個別農家が飼料供給主体としての役割を果たさざるを得なくなるのだが，実際，それは可能なのか，実態分析を通じて明らかにしてみたい。

第3節　機械利用組合を中枢としたシステムによる飼料技術革新

1）鶴居村の酪農の特徴

鶴居村は，古くから農業の組織化に取り組んできた地域として知られている。2006年に，鶴居村，幌呂，白糠町，音別町の４農協が合併し，くしろ丹頂農協管内の一部となったが，農協合併後もこの特徴は変わっていない。村内に位置する鶴居地区および幌呂地区には，第二次構造改善事業を通じて設置された機械利用組合が，今なお数多く残存している。

反対に白糠地区は，農家の個別志向が強いことから，このような組織が存在しない。これらの中間に位置するのが，1990年代後半以降，組合員の機械利用形態が共同利用から作業受委託へ転換していった音別地区である。

このように，くしろ丹頂農協管内は，地区ごとに組合員の性格が異なっている。そして，その影響により，農業の動向も地区ごとに異なる様相を呈している。

この点について確認するため，農協合併後の組合員数，耕地面積，乳牛飼養頭数の動向を地区別に示した**表9-1**をみてみる。まず組合員数の動向であるが，いずれも減少傾向にあることに変わりはない。2006年を100とした2010年のその割合をみると，管内平均のそれは84％となる。この傾向がより

表9-1　くしろ丹頂農協管内における組合員数，耕地面積，乳牛飼養頭数の動向

地区	項目	2006年（釧路管内は2005年）	2010年	2010/2006または2005/2010（%）
くしろ丹頂農協管内	組合員数（人）	564	474	84.0
	耕地面積（ha）	13,968	14,189	101.6
	乳牛飼養頭数（頭）	22,562	22,772	100.9
鶴居地区	組合員数（人）	140	131	93.6
	耕地面積（ha）	4,411	4,650	105.4
	乳牛飼養頭数（頭）	6,846	7,095	103.6
幌呂地区	組合員数（人）	125	106	84.8
	耕地面積（ha）	3,670	3,683	100.4
	乳牛飼養頭数（頭）	5,704	6,041	105.9
白糠地区	組合員数（人）	183	144	78.7
	耕地面積（ha）	3,707	3,620	97.7
	乳牛飼養頭数（頭）	5,876	5,790	98.5
音別地区	組合員数（人）	116	93	80.2
	耕地面積（ha）	2,181	2,235	102.5
	乳牛飼養頭数（頭）	4,136	3,846	93.0
参考：釧路管内	経営体数（経営体）	1,599	1,460	91.3
	経営耕地面積（ha）	87,796	87,009	99.1
	乳牛飼養頭数（頭）	121,368	129,567	106.8

注：１）JAくしろ丹頂管内全域及び地区別の数値はJAくしろ丹頂提供資料による。
　　２）釧路管内の数値は2005年及び2010年センサスによる。

顕著なのは，組合員の個別志向が強い白糠地区で，その割合は78.7%となっている。

一方で，組合員が組織化や共同化を重視する傾向にある鶴居地区および幌呂地区は，組合員数の減少テンポが遅く，その割合は，前者が93.6%，後者が84.8%と，いずれも管内平均を上回る。しかも，これらの２地区は，耕地面積と乳牛飼養頭数の割合がいずれも100%を超えるといった特徴を有している。この特徴は，組合員の個別志向が強い白糠地区では確認できない。共同利用から作業受委託への転換が進行した音別地区は，耕地面積の割合が100%を超えているものの，2008年をピークに耕地面積は減少へ転じており，同年以降の傾向は白糠地区と変わらない。

なお，参考までに**表9-1**には釧路管内全体の動向も示した。センサスを用いているので，釧路管内の数値は2005年と2010年のものとなるが，これと比較すると，くしろ丹頂農協管内は，乳牛飼養頭数の増加傾向が劣位にあり，組合員数（釧路管内は経営体数）の減少傾向が著しいといった特徴を有していることがわかる。ただし，組織化や共同化が根強く定着している鶴居地区は，釧路管内平均よりも組合員数の減少度合いが低くなっている。また，釧路管内で減少傾向にある耕地面積は，くしろ丹頂農協管内では個別志向が強い白糠地区を除き減少していないといった特徴も確認できる。

以上，みてきたように，鶴居村内の２地区は，組合員すなわち農家の減少テンポが緩やかであり，それゆえに耕地面積や乳牛飼養頭数が減少傾向にないといった特徴を有している。農協哺育育成牧場，TMRセンター，さらには本節で焦点を当てる機械利用組合などといった農家をサポートする様々なシステムが，農家の離農を防止し，ひいては耕地面積や乳牛飼養頭数の防止にも貢献してきたということである。このような効果は，旧白糠町農協エリアのような，組合員の個別志向が強い地域にはあらわれていない。

２）Sトラクター利用組合の概況

本節で取り上げるSトラクター利用組合は，1968年に鶴居村S地区の農家の機械共同利用を目的に設立された任意組織である。組合員戸数は，設立当初30戸を数えたが，徐々に減少し2009年には７戸となった。以後，その数は７戸で推移している。これらのうち，１戸は搾乳牛飼養頭数400頭を超える「１戸１法人形態」の大規模農業生産法人，１戸は酪農から転換した和牛繁殖経営である。その他の５戸は酪農専業経営で，これら酪農専業経営の平均搾乳牛飼養頭数はおよそ70頭となる。経営主の年齢階層（2012年現在）は，40歳代１人，50歳代５人，60歳代１人となっており，最も若い40歳代（45歳）の組合員が組合長を務めている。

７戸の組合員は法人を含め個別経営となっているが，基本的に組合が所有する機械を利用しているため，利用時期が競合するブロードキャスタを除き，機械を所有していない。組合員が利用する機械は，トラクター22台，自走式ハーベスター２台，タイヤショベル１台，その他，モアコン，テッダー，レーキーなどのアタッチメント一式などとなるが，これらはすべて組合が所有するものとなっている。

オペレータは９名で，うち７名が組合員農家からの出役，２名が常勤従業員となる。常勤従業員は農協整備工場の所属であり，農協から出向して本組合の業務に従事している。２名のうち１名は58歳男性，１名は38歳男性で，いずれも町内で酪農経営に従事した経験を有することから，技術水準は高い。機械のメンテナンスもこの２名が行っている。

出役体制は年度始めに協議して決める。後継者がいる場合は後継者，そうでない場合は経営主が出役するケースが多い。その他，繁忙期にはアルバイターを導入し，様々な作業に従事させている。2012年現在，アルバイターは２名在籍しており，うち１名が村内の60歳代の男性，もう１名が釧路市在住の20歳代の男性である。賃金は従業員が月給制，組合員とアルバイターが時給制である。時給は組合員，アルバイターともに900円で，中には月間40万円以上ものオペレータ賃金を取得している組合員もいる。

一方で，組合は賦課金を徴収していない。したがって，組合の主たる収入は機械利用料金となる。この料金は使用機械や作業内容によって異なっており，例えば細断型ロールベーラの場合，ラップ１個当たり2,500円，作業１回当たり12,500円（うち資材代1,000円，材料代1,500円）が単価となる。この他，組合は作業受託収入も取得しているが，後述するように作業受託は細断型ロールベーラの導入に伴い開始され，あくまでも例外的に行われているに過ぎないので，その収入は決して多くない。

収穫面積は，デントコーン約130ha，牧草１番刈り約500ha，２番刈り約350haとなっている。これらのうち約300ha分がラップサイレージ調製用となる。

３）細断型ロールベーラの導入とその利用実態

2008年，種子メーカーP社とホクレンが細断型ロールベーラを使用したコーンサイレージの製造試験を開始した。その製造試験の依頼を受け入れたのが，本組合の組合長と地区内の２戸の農家であった。試験製造されたコーンサイレージは変敗がなく，良質であったため，組合長はこの機械の導入を希望した。しかし，価格が1,120万円とあまりにも高額であったことから，当時はその導入を断念した。転機が訪れたのは，畜産自給力強化緊急支援事業が新設された2009年である。この事業を活用すれば負担額が総額の３分の１で済むことが明らかとなったため，組合長はこのチャンスに機械を導入すべきではないかと組合員に提案した。

しかし，すべての組合員がこの提案に賛同したわけではなかった。価格が高額であることを理由に，後継者がいない小規模農家（搾乳牛飼養頭数50頭）１戸と法人経営の１戸が導入に反対した。こうした反対意見を確認した組合長は，全ての組合員が利用しなければ機械稼働率の向上が期待できないことから，一旦この機械の導入を棚上げしてしまった。

一方で導入を奨めていた農協は，村内の農家を対象にコーン収穫とサイレージ製造の受託を行えば機械稼働率が上昇するとともに，受託料収入が取得できるので，コストの増加が回避できると助言し，導入の再考を促した。さらには，農協組合員にS組合へ作業委託を行うようPRすることも約束した。

こうした農協によるサポートが継続して得られるようになったことを前提に，組合長はこの機械の導入を決断したのである。

そして，2010年より，本組合は細断型ロールベーラの利用を開始している。その利用者は，導入に賛同した５戸の組合員であった。さらに６戸の員外農家が農協を仲介してコーン収穫とコーンサイレージ製造を組合へ委託することになった。組合へ利用料金を支払うのは，これら11戸の農家ということになる。年間の利用料金の総計は，運転資金に匹敵するおよそ1,000万円（ラップ3,500～4,000個分）で，その内訳は組合員５戸が800万円，員外農家６戸が200万円となっている。組合員，員外農家ともに利用料金は同一としているが，これは員外利用料金を値上げすると，その料金と業者が販売するコーンサイレージ価格との差がなくなり，員外農家が委託を中止してしまう可能性があるためである。ただし，員外農家は，利用料金の他に燃料代を支払っており，実際の負担額は組合員よりもやや高めとなっている。

作業は３人１組で行われる。うち２名は機械の操作を行い，これは常勤従業員が担当する。残りの１名はネット交換とロールの運搬を行うが，これを担当するのは組合員または委託農家となる。作業が行われる際には，必ずその農地の所有者または借入者も作業に加わることが定められているため，こうした３人１組体制が導入されているのである。

4）細断型ロールベーラの活用とそれに伴い生じたメリット

細断型ロールベーラの活用に伴い生じたメリットを，２点ほど述べておきたい。第一に，製造されるサイレージの品質が良く，かつ腐敗しにくいことから，その周年供給できるようになったという点である。周年供給してもなおサイレージが余る場合，それを業者に販売して収入を得ることも可能になった。2012年現在，３戸の組合員が余剰サイレージを販売しているが，その額が最も多い組合員は年間約350万円，最も少ない組合員でも機械利用料金が十分カバーできる年間約40万円の収入を得ている。

第二に，品質の良いサイレージを供給しているため，夏の暑い時期でも乳牛が好んでエサを食べるようになったという点である。その結果，乳牛が夏バテするようなことはなく，乳量の減少は認められなくなった。また，乳房炎の発生件数が少なくなり，乳質改善にも効果が表れている。

さらには，受胎率が向上している点も見過ごすわけにはいかない。例えば，サイレージを年間350万円販売する前述の組合員は，2011年に16頭の乳牛に人工授精を行ったが，これらすべてが受胎に成功した。受胎率は100％であった。年間受胎件数ゼロといった事態に直面したこともあるこの組合員は，「受胎率の向上が細断型ロールベーラを導入して得た最大のメリットだ」と力説していた。

一方で，問題が発生しなかったわけではない。例えば，機械導入当初，コーンの積み込みにはブロアを使用していた。しかし，この手法で積み込むと，全体の１％程度がこぼれてしまい，これらは廃棄せざるを得なかった。この問題をメーカーの営業担当者に指摘すると，メーカーはエレベータ型の積み込み装置を即座に考案し，装備してくれたという。

このように問題が発生したとしても，メーカーによるアフターケアが行き届いているため，支障なく細断型ロールベーラは利用されている。機械を利用する組合員が多くのメリットを得ていることを踏まえれば，今後も本組合においてこの機械が活用されていくことは間違いないと言える。

第４節　農協コントラクターを中枢としたシステムによる飼料技術革新

1）こばやし農協が直面する地域農業の問題

こばやし農協の所管エリアである宮崎県小林市と高原町は，いずれも畜産を基幹産業とする市町村である。センサスの数値を示した**表9-2**にみるように，2010年現在の販売農家に占める肉牛飼養農家の割合は，小林市が46.8％，高原町が56.0％であり，宮崎県平均の27.4％を大幅に上回る。しかし，この割合は，近年，大きく低下している。事実，1990年は，宮崎県が41.8％，小

表 9-2　宮崎県，小林市，高原町における農業経営体，農家，経営耕地面積，肉牛飼養頭数の動向

地域	項　目	1990 年	2010 年	1990/2010 (%)
宮崎県	農業経営体数（経営体）	54,028	31,683	58.6
	肉牛飼養販売農家数（戸）	22,512	8,548	38.0
	販売農家に占める肉用牛飼養農家の割合（%）	41.8	27.4	
	経営体経営耕地面積（ha）	62,576	50,057	80.0
	経営体肉用牛飼養頭数（頭）		262,950	
	販売農家肉用牛飼養頭数（頭）	201,542	198,461	98.5
小林市	農業経営体数（経営体）	3,385	2,072	61.2
	肉牛飼養販売農家数（戸）	1,956	956	48.9
	販売農家に占める肉用牛飼養農家の割合（%）	59.5	46.8	
	経営体経営耕地面積（ha）	4,698	3,678	78.3
	経営体肉用牛飼養頭数（頭）		22,656	
	販売農家肉用牛飼養頭数（頭）	16,683	18,358	110.0
高原町	農業経営体数（経営体）	1,426	877	61.5
	肉牛飼養販売農家数（戸）	1,020	481	47.2
	販売農家に占める肉用牛飼養農家の割合（%）	71.9	56.0	
	経営体経営耕地面積（ha）	2,099	1,587	75.6
	経営体肉用牛飼養頭数（頭）		11,593	
	販売農家肉用牛飼養頭数（頭）	10,231	9,861	96.4

注：1）1990 年及び 2010 年センサスによる。
　　2）1990 年の「経営体肉用牛飼養頭数」はデータなし。
　　3）小林市の数値には，2006 年に合併した旧須木村の数値を含む。

林市が59.5%，高原町が71.9%と，いずれも高い割合となっていた。農業従事者の高齢化，ならびに後継者のいない農家の離農の増加が，その主たる要因となっているのは間違いない。最近は口蹄疫の流行に伴う離農の増加も，無視できない要因の一つとなっている。

小林市も，高原町も，基幹産業である畜産の振興のためには，肉牛飼養農家の維持が欠かせなくなっているのであるが，表にみるように，その数は急減している。農業経営体も減少傾向にあるが，肉用牛飼養農家の減少スピードはその比ではない。1990年と2010年のその数を比較すると，宮崎県が２万2,512戸から8,548戸，小林市が1,956戸から956戸，高原町が1,020戸から481戸となり，いずれも大幅に減少していることが明らかとなる。1990年を100とした2010年のその割合は，宮崎県が38.0%，畜産が盛んな小林市と高原町も，それぞれ48.9%，47.2%と，大幅な低下となっている。

肉牛飼養農家とともに，この間，農地も減少傾向にある。1990年と2010年の農業経営体の経営耕地面積をみると，宮崎県が６万2,576haから５万57haへ，小林市が4,698haから3,678haへ，高原町が2,099haから1,587haへ推移しており，いずれの地域も大幅に減少していることがわかる。

一方で，減少傾向にないのは，肉用牛飼養頭数である。2010年の経営体のその数は，宮崎県26万2,950頭，小林市２万2,656頭，高原町１万1,593頭であった。販売農家に限定してみると，宮崎県と高原町は減少傾向にあるが，2010年の経営体のその数が1990年の販売農家のその数をかなり上回っていることから，地域内全体のその数は，いずれも増加傾向にあると予想される。

2）地域農業維持のために始まった農協による農業経営

このように，こばやし農協管内においては，基幹産業である畜産を担う農家が減少しており，その発展ないし維持のためには担い手である農家に対するサポートが欠かせない状況にあった。こうした現状を踏まえて，農協は自らが農業経営者となり，組合員に対し様々なサポート事業を提供するといった計画を策定した。その概要は，組合員が利用できなくなった農地を借入し，そこで生産した粗飼料を組合員に提供するというものである。同時に，作業受託を行うことも決めた。

この計画を実行するにあたり，農協は2011年８月に自ら農業経営を行うことを表明した。担当部署は農業企画室である。その後，農協は2012年に認定農業者になるとともに，「人・農地プラン」の中心的担い手にも位置づけられた。これにより補助事業の活用が容易になり，細断型ロールベーラをはじめとした高額機械の導入が可能となった。

3）組合員をサポートする農協直営事業の実態

こばやし農協の直営事業は，「農業経営事業」と「農作業受託事業」の二つからなる。その年次別の実績を示したのが**表9-3**である。

前者の「農業経営事業」の実績は，表にみるように，2013年現在，農地借入が２戸・210ａ，作付面積がコーン245ａ，里芋50ａ，ブロッコリー90ａ

表9-3　こばやし農協における農業経営事業・農作業受託事業の実績

（a，戸，個）

項目			2011年	2012年	2013年
農業経営事業	借地面積		104	104	210
	借入戸数		1	1	2
	コーン	面積	60	60	245
		個数	60	70	275
	里芋	面積	40	30	50
	ブロッコリー	面積	90	90	90
農作業受託事業	受託面積		216	1,064	2,688
	コーン	面積	216	438	1,964
		戸数	8	14	34
		個数	211	477	2,175
	WCS 飼料稲	面積		626	724
		戸数		22	20
		個数		482	593

注：１）こばやし農協提供資料を参考にして作成。
　　２）後作及び二期作が行われているため，農業経営事業の面積の合計は借入面積と一致しない。
　　３）空欄は実績なし。

となる。作付面積の合計と借入面積が一致していないが，これは里芋の後作としてコーンが作付され，さらにはコーンを作付した100ａの農地で二期作が行われたためである。

主要作物はコーンで，その作付面積は増加傾向にある。農協は2013年に106ａの農地を新たに借入しているが，そのすべてがコーン作付地となった。収穫されたコーンはロールサイレージとなり，１ロール当たり7,500円で組合員に販売されるが，市町村と農協がそれぞれ500円ずつ購入者に助成しているので，組合員の負担は１ロール当たり6,500円となる。

コーン以外の作物は里芋とブロッコリーとなるが，これらは輪作体系の維持と高収益作物生産の普及を目的に導入された。これらのうちブロッコリーは収益性が高く，本事業の赤字をカバーする役割も果たしている。

なお，借地はいずれも所有者が耕作できなくなったものとなっているが，これらは決して条件の不利な農地というわけではない。したがって，これらの農地の借入を希望する組合員が現れる可能性は十分にあり，その際には借入を申し出た組合員に利用権を移転したいと農協は考えている。

続いて「農作業受託事業」の実績をみてみる。表にみるように，受託面積は急増しており，2012年には面積が前年よりも848 a 増加し1,064 a となった。同年からコーンに加え，WCS飼料稲の生産受託も行うようになったため，この年に受託面積が急増したのである。さらに2013年には面積が前年よりも1,624 a も増加し2,688 a となった。この増加分は専らコーンサイレージの生産受託であり，表にみるように，同年のその実績は，受託面積が前年比4.5倍の1,964 a，受託戸数が同2.4倍の34戸，生産個数が同4.6倍の2,175個と，いずれも急増した。労働力不足に悩む組合員が増加したことに加え，農協が生産する粗飼料の品質が良く，その評判を聞きつけて委託を行うようになった組合員が増加したことが，受託実績の増加を促進したと言える。細断型ロールベーラを導入したがゆえに，こうした良質粗飼料の生産が可能になったのは言うまでもない。

ところで，当初，農協は細断型ロールベーラを導入する予定はなかった。価格が高額であったことがその理由であるが，2012年に「飼料用米の生産・利用拡大に向けた施策」が策定されると，収穫した飼料作物の野積みが規制されるようになり，もし野積みを行うと10 a 当たり８万円に及ぶ助成金が取得できなくなるといった事態に直面した。そこで農協は，ラップサイレージを製造すれば野積みをする必要がなくなると判断し，細断型ロールベーラの導入を決断したのである。補助事業が活用できたことも，その導入を後押しした。結果として細断型ロールベーラの導入は，二次発酵による変敗が少なく，栄養価の高い粗飼料を組合員に提供することが可能となった。

なお，受託料金の単価は，**表9-4**に示した手順で設定されている。コーンに関しては，全面委託の場合，本来１ロール当たり4,000円となるが，飼料購入同様，市町村と農協からそれぞれ500円ずつ助成されるので，委託者の負担額は3,000円となる。部分委託の場合，料金は減額され，自ら刈取を行えば1,400円，同じくラッピングを行えば1,100円それぞれ割り引かれる。全面委託同様，助成金が取得できるので，仮に刈取とラッピングを自ら行えば，委託者の負担額は１ロール当たり500円で済む。WCS飼料稲に関しては，全面委託の場合，１ロール当たり3,000円となる。コーン同様，自ら刈取を行

表 9-4　こばやし農協における１ロール当たり作業受託料金の設定方法

（円）

項　目		コーン	WCS 飼料稲
本来の受託料金		4,000	3,000
市町村助成金		500	0
農協助成金		500	0
刈取受託なし割引額		1,400	1,400
ラッピング受託なし割引額		1,100	1,100
委託者が負担する受託料金	全面受託	3,000	3,000
	刈取・ラッピング受託なし	500	500
	刈取受託なし	1,600	1,600
	ラッピング受託なし	1,900	1,900

注：聞き取り調査により作成。

えば1,400円，ラッピングを行えば1,100円それぞれ割り引かれるが，助成金は取得できない。

4）労働力と機械の保有状況

農協直営事業に関わる作業は，通常，農業企画室に属する２名のオペレータ（61歳の嘱託職員と34歳の臨時職員。年齢は2014年現在）によって実施されるが，繁忙期にはオペレータを含む同部署のスタッフ全員（10名）が従事することになる。なお，受託実績の増加に伴い，2013年より一部の作業が管内の大規模農家に再委託されている。

主な保有機械は，細断型ロールベーラのほか，自走式ラップマシン，コンビネーションベーラ，トラクター，トレーラー，管理機，野菜移植機，フロントローダとなる。保有台数はいずれも１台である。これらのうち野菜移植機とフロントローダは，導入の際に補助事業が活用されている。また，受託実績が増加したことから，細断型ロールベーラとラップマシンをそれぞれ１台ずつ導入する計画もあるという。

5）こばやし農協直営コントラクターの今後の展開

以上みてきたように，こばやし農協は自ら農業経営を行い，離農跡地の管理や作業受託に取り組んできた。そして，これらの取り組みを通じて高品質粗飼料を製造し，それを組合員に提供してきた。こうした一連の組合員に対するサポートは，細断型ロールベーラが導入できなければ成立しなかったと言える。

農協はこの一連の取り組みを，農協出資法人を新たに設立して，そこへ移管する計画であるという。その具体化は単年度事業収支が黒字になることが前提であり，それはまだ達成されていない（2013年度損益計算書によると，事業総利益はプラス123万円だが，減価償却費などを含めた当期純利益はマイナス90万円)。組合員をサポートする有益な事業を継続させるためにも，法人の設立は望ましいと考えられるが，その実現のためには，コンスタントに当期純利益を生み出すことができる，安定した経営基盤の確立がひとまず求められると言えるだろう。

第５節　個別農家による飼料技術革新

1）A農場およびそれと連携する２つの法人の関係

A農場は，弟子屈町のK地区に位置する酪農経営である。その最大の特徴は，**表9-5**に見るように，経営主であるA氏（2015年現在45歳）が代表取締役を務める２つの法人と連携している点にある。個別農家を含む各主体の特徴は，次のとおりである。

第一は，中核となる個別農家のA農場である。スタッフは，経営主のA氏，妻，男性従業員の３名からなる。それに外国人研修生４名が加わる。ここでの取り組みは，乳牛飼養，搾乳，生乳販売，作業受託などであり，飼料生産は行っていない。飼料は次にみるTMRセンター Bから提供されることになる。

第二は，2010年４月に設立された株式会社TMRセンター Bである。農業生産法人の資格を有するこの組織は，A夫妻と業者が出資する１戸法人で，資本金は500万円である。スタッフは，A氏夫妻と２名の機械オペレータからなる。主な事業は，牧草及びコーンの生産，サイレージの製造及び販売である。

表 9-5　Ａ農場と関連２法人の概要（2015 年３月現在）

項　目	A 農場	株式会社 TMR センターB	株式会社 C
設立年		2010 年４月	2012 年９月
代表取締役		A	A
資本金		500 万円	300 万円
出資者		A 夫妻，業者	A
スタッフ	A 夫妻（45 才，35 才） 従業員（男性・28 才） 外国人研修生４名	A 夫妻 機械オペレータ２名 （男性 52 才・男性 48 才）	A 夫妻 事務職員（女性・28 才）
主要事業	乳牛飼養 搾乳 生乳販売 作業受託	牧草・コーン生産 サイレージ製造・販売	サイレージ販売 家畜販売

注：聞き取り調査により作成。

第三は，2012年９月に設立された株式会社Cである。これも農業生産法人の資格を有する１戸法人であるが，主要事業は農作業ではなく，TMRセンターBが製造するサイレージの販売，それと家畜の販売となる（自家産子牛を除く）。出資者はA氏のみの１戸法人で，資本金は300万円である。スタッフは，A氏夫妻と事務職員１名からなる。

２）乳房炎対策の一環として導入された細断型ロールベーラ

A氏は1997年に会社勤めを辞めてUターン就農を果たした。父親から経営移譲を受けたのは1999年である。転機を迎えたのは2004年で，同年から最大の懸案事項であった乳房炎対策の確立に取り組み始めている。

当時の搾乳牛飼養頭数は90頭で，毎月そのうちの５頭前後が乳房炎にかかっていた。乳房炎にかかった牛は，30日間，生乳出荷停止のペナルティが科せられる。１日１頭当たり乳量は26リットルであったから，このような牛が恒常的に５頭いると，毎月３ｔ900kg（26リットル× ５頭×30日）の生乳を廃棄しなければならなかった。１kg当たり平均乳価は88円だったので，その廃棄は１カ月当たり34万3,200円（88円× ３ｔ900kg），年間411万8,400円（34万3,200円×12カ月）の収入を逃すことを意味した。

このように乳房炎の発生に悩まされていたA氏は，それが収入の増加を阻む最大の要因であると断定した。同時に，変敗しないサイレージの供給が乳房炎解消のポイントになることも把握していた。こうした経緯があって，A氏はサイレージ発酵の研究に没頭するようになる。

試行錯誤を重ねて５年が経過した2009年，機械メーカーが細断型ロールベーラの利用を奨めてきた。オペレータ賃金を含むレンタル料はロール１個当たり3,500円であり，決して安いとは言えなかったが，気密性の高いパッケージを可能とするこの機械を利用すれば，良い発酵状態のサイレージが製造できるという確信が持てた。また，このようなサイレージが長期間保存可能であることもわかったので，計画中だったTMRセンターの設立も実現できると考えた。こうしてA氏は，細断型ロールベーラの利用を決断した。

機械リース開始後も試行錯誤は続いた。まず，どのような飼料を用いれば良質なサイレージが製造できるのか実験した。その結果，牛がよく食べ，食べた牛の泌乳量が安定し，初回授精受胎率が高く，乳房炎が防止できるといった効果を有するサイレージは，①牧草単体，②コーン単体，③牧草＋コーンの３種であることがわかった。以後，製造するサイレージはこれら３種のみとなった。

次いで，一年間通じてパックしたサイレージを与えなかった場合の効果の有無について実験した。なぜこれを行ったのかというと，月別平均気温がマイナス５℃以下となり，雑菌繁殖が鈍化する１月から３月までは，従来どおりスタックサイロで保存したサイレージを与えても牛は乳房炎にかからないのではないかと考えたからである。そうであれば，３カ月間レンタル料を支払わなくても済む。しかし，効果は得られず，スタックサイロで保存したサイレージを与えた牛の一部は乳房炎にかかってしまった。この結果を受け，与えるサイレージはパックしたもののみと決めた。以後，乳房炎はほとんど発生していない。

3）細断型ロールベーラの活用による経営発展

さて，これらの実験を２年に亘って行い，細断型ロールベーラでパックしたサイレージの乳房炎発生防止効果を突き詰めたA氏は，2011年に総額7,400

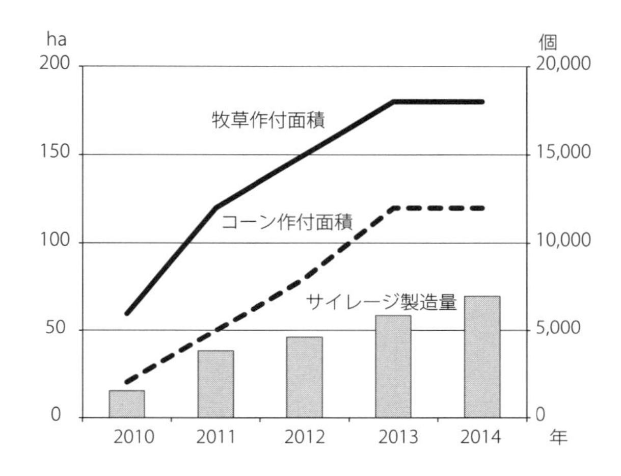

図9-2　TMRセンターＢにおける牧草・コーン作付面積とサイレージ製造量の推移

注：１）聞き取り調査により作成。
　　２）サイレージ1個当たり重量は900～1,000kgとなる。

万円（内訳は多目的梱包機3,400万，自走式ミキサー 2,000万，250psトラクター 2,000万）を要するその機械一式を購入した。個人購入のため補助事業が利用できず全額自己資金でまかなうことになったが，前述した乳房炎発生に伴う年間411万8,400円の喪失額を取りこぼさずに確保できるのであれば，レンタル料を払って借入するよりも所有した方が有利であり，返済も十分可能と判断して購入を決めた。

なお，前述したように，A氏はTMRセンターの設立を計画していたが，その計画は2010年に株式会社TMRセンター Bを設立したことで達成された。以後，飼料生産及びサイレージ製造は，個別農家のA農場から離れ，TMRセンター Bが担当している。その実績は**図9-2**に示したとおりである。

図にみるように，TMRセンター Bが設立された2010年の各実績は決して多くなく，牧草作付面積60ha，コーン作付面積20ha，サイレージ製造量1,500個（１個当たり重量は900～1,000kg）に過ぎなかった。ところが，翌年以降，A氏が耕地面積を積極的に拡大するようになると，これらの実績は急増していく。結果として，直近の2014年の実績は，牧草作付面積180ha，コーン作付面積120ha，サイレージ製造量7,000個まで増加した。中でも目を引くのはサイレージ製造量である。2014年のその実績は，前年に比べると，牧草，コーンともに作付実績が同じであったにもかかわらず，3,100個も増加している。これは反収の増加による成果である。

ちなみに，農地はすべてA氏名義の所有ないし借入となっており，法人名義のものはない。総面積は300haで，うち所有地が210ha，借地が90haとなる。A氏が経営を継承した1999年の総面積は35ha（すべて所有地）だったので，15年間に8.6倍も拡大したことになる。規模拡大は購入主体で行われているが，草地だけでなく普通畑を購入するケースも少なくなく，そのため10ａ当たり平均購入価格は，酪農経営にしては負担が大きい20万円に及んでいる。

さて，2014年現在，A農場の搾乳牛飼養頭数は100頭を数え，これらに与えるサイレージは年間2,000個を要する。したがって，それ以外のサイレージは，前述した株式会社Cを通じて販売されることになる。そのkg当たり単価は，牧草サイレージ８～10円，コーンサイレージ14～15円となっている。直近の2014年の販売量は5,000個，販売金額は8,000万円であった。

株式会社Cはこれ以外に家畜販売も行っており，2014年のその収入は4,000万円であった。サイレージ販売収入を含めた同法人の総収入は１億2,000万円，収益は1,700万円に上る。一方で，TMRセンターBの総収入は１億円，収益は1,500万円，A農場の総収入は１億2,500万円（うち生乳販売収入8,000万円，自家産子牛販売収入2,000万円，作業受託収入2,500万円），収益はマイナス1,000万円であった。これらをトータルすると，2014年の収益は2,000万円に上る。

こうした安定した経営状態の維持が，乳房炎の発生防止といった技術改善を成し遂げたことで実現したのは間違いない。それはまた，高額な細断型ロールベーラが購入できる環境を生み出し，その活用によりサイレージ販売収入を増加させるなど，さらなる経営発展の契機にもなっているのである。

第６節　おわりに

冒頭でも述べたように，細断型ロールベーラは高額である。しかも，導入時に取得できる補助金の交付対象が概ね組織となっているため，農家単独での購入が困難といった特徴を有している。かつては個別農家による購入も少なからず確認できたが，こうした事情がネックとなり，現在はTMRセンター，機械利用組合，コントラクターなどいった組織による購入が主流となっている。したがって，多くの農家は，①「TMRセンターまたは機械利用組合の一員となって細断型ロールベーラを利用」，②「細断型ロールベーラを有するコントラクターに作業委託」，③「細断型ロールベーラを有する組織から飼料購入」などといった手法を用いて，細断型ロールベーラが備える優れた機能の恩恵に浴しているのが現状である。どの手法を用いるかは，地域の状況を踏まえて判断することになるが，本稿では，そのポイントを探るために，機械利用組合，農協コントラクター，個別農家といった３つの経営形態に着目し，これらの実態調査を行った。その一覧となるのが，**表9-6**である。以下では，この表をみながら，如何なる地域で，如何なる経営形態による対応

表9-6　調査組織・農家の概要

組織・農家名	Ｓトラクター利用組合	Ｋ農協	Ａ農場
経営形態	機械利用組合	農協コントラクター	個別農家
地域内農家の組織化・協業化に対する意識	意義が認識され，実践もされている。		
当該地域における農協の営農サポート	充実している。	充実している。	
補助事業の活用	可能	可能	不可
収益性	非公開のため不明	当期純利益マイナス	黒字決算
その他	細断型ロールベーラーに関わる作業の収支は，収益と損失がほぼ同額。員外農家が負担する作業受託収入がなければ赤字。	収支プラスの年次が続けば，コントラクター事業は，農協直営を取り止め，農協が新たに出資・設立した法人へ移管する予定。	乳房炎予防に努め，経営改善を果たした結果，収益が増加。補助金なしでの高額機械購入が可能となった。

注：１）聞き取りにより作成。
　　２）空欄は特記事項なし。該当しないわけではない。

が求められているのか，検討してみたい。

まず，農家の組織化や協業化に対する意識について述べよう。これらの意義が多くの農家に認識され，かつこれらの実践に抵抗感を覚える農家が少ない地域においては，TMRセンターや機械利用組合による対応が有効となる。なぜかというと，高品質粗飼料を入手するためには，こうした組織のメンバーとなって機械の共同利用を行っても良いと判断する農家が少なからず存在すると考えられるからである。中でも機械利用組合は，協業経営のようなタイトな連携が必要とされていないので，比較的容易に設立できるといった利点を有している。メンバーが共同するのは，基本的に機械の所有と利用だけであり，したがって，少なくとも有能なオペレータさえ確保できれば，その円滑な運営が期待できる。こうした点にメリットを見出し，機械利用組合による細断型ロールベーラの活用を進めてきたのが，第３節で取り上げた鶴居村のS機械利用組合の組合員である。

一方で，組織化や協業化の進行が期待できない，農家の個別志向が強い地域も存在する。前述したように，北海道の農村の多くがこれに該当するのだが，このような地域においては，TMRセンターや機械利用組合といった農家を構成員とする組織の設立が困難となるので，これらの組織とは異なった細断型ロールベーラを所有する主体を設立することが求められる。その典型と言えるのがコントラクターである。コントラクターが設立され，作業受託を行えば，当該地域内の多くの農家は，高品質粗飼料を安定的に取得できるチャンスに恵まれる。実際にこのような手法を用いて，高品質粗飼料の安定供給を成し遂げているのが，第４節で取り上げたこばやし農協直営のコントラクターである。

しかし，コントラクターの設立は，必ずしも容易ではない。一般に作業受託は採算性のない取り組みであり，したがって，それとは別の収益事業を創設しない限り，民間コントラクターの運営を継続させていくことは難しい。民間コントラクターの設立が困難ならば，農協コントラクターを設立したらどうかといった提案がなされるかもしれないが，地域内の農協の営農サポートが充実していない場合，その設立は絶望的だと言わざるを得ない。このような事情によりコントラクターの設立が困難となり，かつまた農家の個別志向が強いためTMRセンターや機械利用組合の設立も困難な地域においては，個別農家が飼料供給を担う主体としての役割を果たさざるを得なくなる。

第５節で取り上げた弟子屈町のA経営の実態にみるように，個別農家が細断型ロールベーラを導入し，飼料供給を担う主体としての役割を果たすことは，決して不可能ではない。しかし，その実現は難しい。原則として個別農家は，機械導入に係る補助事業を活用することができないので，的確な経営改善を果たし，コスト削減とともに所得増加を成し遂げなければ，高額な細断型ロールベーラを購入することはできない。つまり，そのハードルは，組織のそれよりも一段と高い位置に設定されているのである。こうした実態を踏まえると，飼料供給システムを構築する際には，できる限り，機械利用組合やコントラクターといった組織をその中枢に配置するのが賢明であると言える。

いずれにせよ，最適な飼料供給システムは，地域によって異なる。その選択を誤ると，たとえ苦労してシステムを設置したとしても，やがてその機能は衰退し，不全状態に陥ってしまうだろう。そうならないためにも，関係機関のスタッフには，地域の状況に応じた経営形態を選択し，それを中枢に配置したシステムの構築を，主導ないしサポートしていくことが求められているのである。

注

１）農林水産省（2016）p.1による。
２）井上（2011）p.15-18qを参照。

引用・参考文献

［１］農林水産省『飼料をめぐる情勢』，2016年
［２］井上誠司「農業構造の変動と地域農業支援システムの存立条件」『地域農業研究叢書』No.41，北海道地域農業研究所，2011年

（井上　誠司）

第10章

エコフィード生産・流通における細断型ロールベーラの活用とその意義

第1節　問題の所在と本章の課題

前章までで整理したように，細断型ロールベーラは，第1に高密度調製による変敗の抑制，第2にその保存性の高さを背景とする物流適性の向上を技術的特長としている。この細断型ロールベーラ技術の開発は，食品残さのリサイクル推進という点でも重要な意味をもつ。政府は，食品資源の有効利用という観点から，食品廃棄物の再生に当たって最優先されるべき手法を飼料化としている。**表10-1**に示した食品製造副産物や売れ残り，調理残さ，あるいは規格外農産物などの農場残さを利用し，サイレージ（発酵）をはじめ，混合，乾燥，リキッド（液化）といった加工工程を経て製造された家畜用飼料のことをエコフィードと総称している。わが国は飼料の約7割を海外に依存しており，畜産経営が穀物相場や為替相場の影響を強く受けることもあって，政府は飼料自給率の目標を平成37年度に40％と定めている。その達成の

表10-1　エコフィードの原料となる食品資源

食品残さ	食品製造副産物	
		食品製造業から排出
		パンくず，菓子くず，製麺くず，おから，醤油粕，焼酎粕，ビール粕，ジュース粕，茶粕，チーズホエー，など
	余剰食品および調理残さ	
		食品卸売業・小売業，外食産業から排出
		売れ残り弁当，廃食油，カット野菜残さ，など
農場残さ	規格外農産物など	
		ほ場，選果場などから排出
		規格外青果物，など

資料：農林水産省生産局「飼料をめぐる情勢」，同「エコフィードをめぐる情勢」から作成。

ためにも，飼料化の推進は重要である。

このエコフィード製造の難しさは，端的にいうと，第1に原料である食品残さがその製造の都合とは無関係に発生してしまうこと，したがって第2に，エコフィード自体もその需要とは無関係に製造されてしまうことにある。したがって，そこで生じる需給のミスマッチ解消には，原料および製品の保管と広域流通の実現が欠かせない。冷蔵保管した上での移動は容易であるが，技術的条件は確保できても，その費用を誰が負担するのかということの方ははるかに大きな問題である。なぜなら，それらはエコフィード原料といえども，排出者にとっては食品残さに過ぎないからである。したがって，排出者は，食品リサイクル法を遵守しつつも，その中で最も安価な処理を選択しがちである。

当然のことながら，家畜の「食品」としての品質保持を求められるエコフィード製造は相対的に高コストであり，そのような事情が，需要の限られる堆肥化や，熱回収に向かう要因となっている。つまり，食品残さの再生に飼料化が選択されるためには，飼料の輸入価格が極端な高騰でもしない限り，エコフィードの原料である食品残さを安価に保管しつつ，広域流通によって品揃えし，製造されたエコフィードを実際の消費時点まで安価に保管できることが求められ，それがエコフィード製造を軸とした資源循環確立の条件となる。そして，ここに細断型ロールベーラ技術の適用が期待されるのである。

エコフィード製造における細断型ロールベーラ技術の活用については，**図10-1**の通り，大まかにいって3つの導入ポイントが考えられる。そこで本章では，このうちのAとBの2点に着目し，細断型ロールベーラをエコフィード製造に使うことで需給調整しているA社，食品製造の過程で排出された副産物に対して細断型ロールベーラを使うことで保管と広域流通を実現したB社の2つの事例分析から，食品リサイクル，特にエコフィード製造において細断型ロールベーラが導入されることの意義について明らかにする。

なお，A社に対するヒアリング調査は2012年7月に，B社に対しては2013年1月に実施している[1)]。

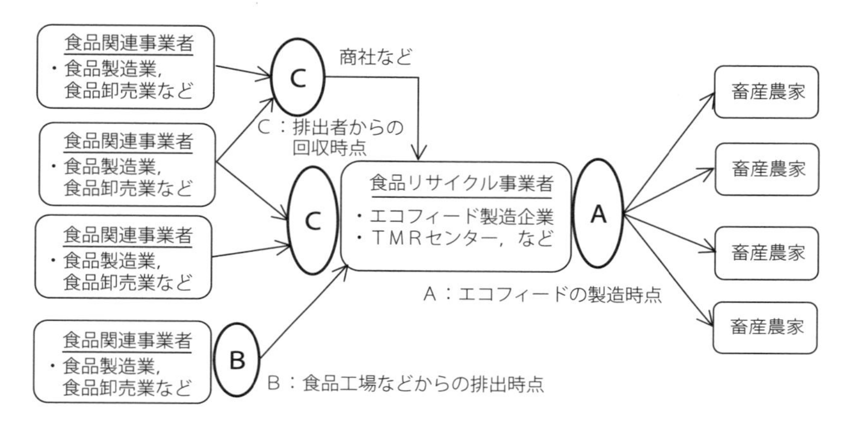

図10-1　食品リサイクルにおける細断型ロールベーラーの導入ポイント

資料：筆者作成

第2節　エコフィード製品の保管における細断型ロールベーラ利用

1）A社によるエコフィード製造の経緯

細断型ロールベーラを利用したエコフィード生産を手がけているA社は，群馬県南部の人口20万人強の地方都市を基盤に活動している。ここは，古くは養蚕業が盛んだったが，その後は織物，近年では製造業や大規模な商業集積が進出したことで商工業が中心の地方都市となっている。農業については，交通の便を生かした都市近郊型の野菜生産を軸として展開してきた。

事例であるA社は，2001年８月に地域の酪農家による「酪農経営研究会」を母体として設立された生乳販売組織であり，全国初の酪農家による生乳販売会社である。したがって，同社の本業は生乳販売であり，契約牧場から集乳し，品質検査後，直ちに乳業会社へと運搬している。調査時点で，A社の出資者でもある契約牧場は３法人であるが，いずれも搾乳牛だけで100頭以上を管理する大型牧場で，３法人合計の搾乳頭数は約500頭に達している。

その他にも３牧場が牛乳出荷をしており，計６牧場の牛乳を集めて販売する事業を営んでいる。

このA社がTMRセンターを設置し，飼料製造に取り組むようになったのは，2008（平成20）年の飼料高騰がきっかけであった。それ以前から飼料の共同購入は行ってきたものの，それでは対処できないほどの飼料価格高騰に直面し，2009年から飼料製造事業を開始した。当初は牧場の一角を間借りしての発酵飼料製造であったが，自給飼料生産の先端事例を学びつつ，2010年５月から現在の工場で本格的に製造を開始している。

２）エコフィード製品とその原料調達

A社が製造するエコフィードは，通常商品と乾乳牛・育成牛向けの２種類である。工場の生産量は日量約20ｔであり，細断型ロールベーラで550kg～600kgのロールを１日37～38個製造している。これらのロールの販売先は，A社に出資し，生乳を出荷している大規模酪農家３牧場が中心である。前述の通り，飼料の共同購入から飼料製造へと移行してきたという経緯があるため，基本的には生乳の出荷牧場における「内部利用」が中心で，要望に応じてそれ以外の牧場へも販売する。この飼料製造事業には同社の牛乳販売の利益還元という側面もあるため，出資者である３牧場とそれ以外への販売とでは若干の価格差をつけている。いずれも本体の価格に加え，距離に応じて運賃が加算される。

表10-2では，A社が原料としている食品残さの構成を示した。これらの食品残さに，水分吸収を目的としてイネ科牧草とアルファルファなどの粗飼料，他社から納入される一般的な飼料用穀物などをミックスして発酵飼料を調製している。

原料のうちカットフルーツ，カット野菜の残さについては，青果物専門商社のα社から，飼料原料として有償で引き取ってきている。埼玉県内と東京多摩地区にある工場からA社のトラックで回収しており，その運賃もA社が負担している。α社から出てくるのは，サラダなど，スーパー，量販店向け

表 10-2　原料となっている食品残さ

食品残さ名	日量（換算）	ロール１個当たり kg・構成比		備　　考
カット・フルーツの残さ カット野菜の残さ	5トン	135.1kg	23.5%	
おから	5～6トン	135.1～162.2kg	23.5～28.2%	
麦茶粕	1.2～1.5トン	32.4～40.5kg	5.6～7.0%	
大豆胚芽	2トン	54.1kg	9.4%	週3回計12トン
エノキ菌床かす	10トン	―	―	週1回搬入，乾乳牛・育成牛専用

資料：ヒアリング調査（2012年7月）による。
注：1）ヒアリングを踏まえ，ロールは1個575kg，1日37個生産で，目安として計算した。
　　2）この構成は季節や栄養価によって変化することもあり，常に固定されているわけではない。
　　3）これらの原料に水分調整用の乾燥が加わる。

商品の加工残さであり，フルーツについてはパイナップルの芯と皮が中心で，メロンの皮も定番の素材となっている。さらに，季節ごとの素材として，すいかやキウイなどの皮，フルーツとして使われるトマトやミニトマトなどが加わる。野菜については，キャベツの芯が８割から９割にも達している。

また，おからについては，A社の近隣にある大規模な豆腐工場から早朝に引き取っており，麦茶粕についても同様に飲料工場から購入している。大豆胚芽については，それを蒸してアミノ酸を抽出した後の粕であり，同社から１時間程度の距離に位置する埼玉県内の工場から，週３回自社便で引き取っている。これは飼料卸の仲介によって取引が始まり，１kg当たり５円で購入している。

3）設備と製造工程

表10-3にもある通り，工場用地は約600坪の借地であり，建物（屋根下）面積は約400坪である。ここに細断型ロールベーラが設置された製造スペースの他，事務所と荷下ろし場，乾草などの原料と製品の倉庫を備えている。導入した細断型ロールベーラは国産T社製であり，稼働開始から３年半の間に４万個の発酵飼料ロールを製造している。A社の場合，発酵飼料の製造にあたってトランスバッグやスチール製の箱という方法も選択肢にあったが，

表 10-3　施設と主な所有機器

内　　容	規格・台数	備　　考
土地	600 坪	借地，元は飼料会社の物流施設
工場	400 坪	屋根下面積
フォークリフト	2台	
ミキサー	1台	20m³
トラック	1台	4トン
軽トラック	1台	
ホイールローダー（グラブ装着）	4台	うち3台は出荷牧場に貸し出し
細断型ロールベーラー	1台	国内T社製

資料：ヒアリング調査による。

第1に物流適応力の高さ，第2に高密度調製による保存性の高さとそれによってもたらされる品質の高さを重視した。

細断型ロールベーラによる発酵飼料製造を支える労働力は，正社員3名，派遣社員2名，アルバイト1名の計6名である。正社員についてはシフト制で週休二日となっており，派遣社員はこの工場で製造に携わるだけでなく，近隣の牧場へも派遣することにより労働時間を調整することもある。

4）A社のケースにおける細断型ロールベーラ導入の意義

一般的な発酵飼料製造であれば，飼料需要の速度に合わせて生産し，それに必要な原料は必要なときに調達することが最も合理的である。しかし，前述のα社をはじめとした食品製造業は，商品それぞれの需要によって製造速度が決まっている。したがって，その食品残さもエコフィードの需給とは無関係に排出される。そこでA社では，食品残さをその発生に合わせて回収し，まずは発酵飼料を生産することとして，それを細断型ロールベーラで保存性の高いロールにして保管した。このロールの保管では，当然のことながら場所は必要とするものの，冷蔵などの品質管理のための追加的費用は発生しない。

食品製造業の工場から排出される食品残さは，単品かつ大量で比較的品質が安定しており，夾雑物も少ないため，エコフィードの原料として好適であるといえる。しかし，それを循環させるためには，食品残さの発生速度とエコフィード製造の速度の不一致を解消する必要がある。ところが，実際の食品リサイクルの現場では，食品残さが毎日発生するのに対し，飼料利用したいという畜産農家はたまにしか取りに来ないという齟齬はしばしば発生している。A社のケースは，この問題の解決に細断型ロールベーラ技術が重要な役割を果たしうることを示している。

第3節　食品残さの発生源における細断型ロールベーラ技術の利用価値

1）エコフィード製造と原料の品揃え

細断型ロールベーラによる高密度調製技術は，高品質飼料の生産とともに，その優れた保存性によって，食品リサイクルを通じた循環型社会の形成にも貢献しうる能力を保持している。前節では，エコフィード製造時点での細断型ロールベーラ導入について分析したが，本節では食品工場における食品残さの排出ポイントでの導入について分析する。

一般的にいえば，家畜飼料は食料品と同様に複数の種類の原料が組み合わされて消費される。例えば，TMRセンターなどでは原料が取り揃えられた上で，混合されて飼料となっている。しかし，エコフィードの場合は，原材料が食品製造の副産物や食品廃棄物であり，人間の食料品とは異なり，エコフィード製造のための組み合わせで生産しているわけではない。つまり，その食品工場が本来製造しているものの都合によって，ビール粕やりんごジュースの搾り粕のように，単品の粕として排出されることがほとんどである。そこから家畜飼料に適した原料の組み合わせ，いわば「品揃え」を作り出すのはきわめて難しい。なぜなら，排出時点と飼料生産時点との間の保管に加え，排出場所の食品工場から使用場所となるエコフィードの製造場所，あるいはTMRセンターまでの移動に費用が発生するからである。人間による消費を目的として購入する食材とは違って，副産物や食品廃棄物にはこうした費用を負担できるような価格を付けることが困難なのである。しかし，その反面で，各地のTMRセンターの事例が示しているように，保管と移動によって適切な「品揃え」さえ生み出すことができれば，もともとは人間のための高品質な食品の副産物であり，エコフィード製造においても高品質な原材料の確保につながるのである。

多くの大規模な食品工場において，大量の食品製造副産物が発生している。例えば醤油工場であれば，醤油製造に伴う高品質な搾り粕が大量に発生しており，これもまた組み合わせ次第で家畜飼料として高い能力を発揮しうる素材である。そこで，本節では醤油粕を飼料原料としてTMRセンターへと供給している，醤油製造大手であるB社の千葉県内の工場を事例として分析する。

2）B社における醤油製造と醤油粕の発生

B社は醤油製造の他，各種調味料，医薬品等の製造を手がける大規模な企業であり，同社の資料によれば2015年12月時点で従業員数は792名，売り上げは535億円とされている。同社は本社と工場，研究所を創業の地である千葉県北東部の地方都市に置きつつ，全国10カ所に事業所を構えている。また，1990年代からは米国でも醤油を製造するなど，海外へも事業を展開している大手の食品製造事業者である。ここでは，千葉県北東部の本社工場での，醤油粕をめぐる細断型ロールベーラの導入を分析対象としている。

醸造品である醤油の製造工程は，製造の期間も長いが工程の数も多いため，ここでそれを詳しく紹介することは控えたい[2)]。食品製造副産物としての醤油粕が発生するのは，醤油製造工程の「圧搾」においてである。この圧搾工程では，6カ月間にわたり熟成された“もろみ”を布に包み，これを3日間かけてゆっくりと絞ってゆき，最終的には液体分がほぼ残らないまでに圧搾する。圧搾後，“もろみ”を包んでいた布の中に残った固形物が醤油粕である。この醤油粕は布に貼り付いた状態にあり，それをはがすとチップ状となる。この搾り粕チップの大きさはまちまちだが，最も多いのは10cm程度のものという。

本醸造の醤油の場合，出荷量の約10分の１程度の醤油粕が発生するといわれる[3)]。この醤油粕は塩分が強く，産業廃棄物としての処理も難しいことから，醤油製造業にとってはやっかいな存在であった。しかし，その反面で豊富なミネラル分を含み，大豆由来の高い栄養価を示す醤油粕には以前から一定の需要があり，B社においても1950年にこれを飼料として販売する部署を設立していた。このような過程を経て，B社の醤油粕は今日では全国へと販売されている。例えば北海道ではTMRセンターでの家畜飼料の原材料，酪農家で乳牛の餌となり，九州では養鶏用の配合飼料にも使用されている。特に牛海綿状脳症（BSE）問題の発生以降は，植物性の飼料原料として，醤油粕はますます価値が高まっており，畜産農家からの引き合いも多く，時には“生産”が追いつかないほどとなっている。

3）供給方法の見直しと細断型ロールベーラの導入

醤油は醸造物であり，その絞り粕である醤油粕にも酵母が生き残っている。したがって，醤油粕を飼料として利用する場合，どのように品質を一定に維持するが課題となる[4)]。そこで，醤油粕の品質安定化のため，B社ではそれを乾燥させ，15kgの紙袋詰め，あるいは約600kgのフレコン（トランスバッグ）詰めにして，商社を通じてユーザーへと販売してきた。

ところが，B社は醤油粕の乾燥に必要な重油の高騰に直面したことで，この処理方法を見直す必要に迫られた。さらにこれとは別に，企業の社会的責任としてCO_2排出削減に取り組むべきという考えもあった。そこで，B社は醤油粕を仲介する商社，実需者とともに，醤油粕を乾燥させず，生のままでTMRセンターなどへ供給できる体制の構築を模索することとなった。

現在，B社の醤油粕の大半は生のままでの供給となっている。当初，荷姿は乾燥時と同様のフレコンであり，それにビニールの内袋を入れている。これにより乾燥用燃料費の節減をはじめとした当初の目的は達成されたものの，品質の不安定性問題が再び顕在化することになってしまった。そもそも，醤油粕を乾燥していたのは品質の安定性確保が目的であり，実需者が生での受け入れを望んだとしても，醤油醸造の副産物である以上，前述の事情で運送中の品質保持には困難性が増す。内容物である醤油粕には及ばなくとも，フレコンの外側にカビが付着するなどといった事案が頻発し，B社としても新たな対策が必要となった。

この品質保持問題に直面したB社において，新たに導入したのが細断型ロールベーラであった。きっかけは，醤油粕のユーザーである北海道東部のTMRセンターからの情報であり，細断型ロールベーラの試験導入はそのTMRセンターへの納入において実施している。この試験導入では，2010年2月に千葉県内の工場から醤油粕を道東のTMRセンターへ送り，ノルウェー製の細断型ロールベーラでベーリングした。そして，約2年後の2012年1月にこれを開封したところ，白カビの発生などもなく，醤油粕の品質はまったく変化していなかった。この結果を踏まえて，B社では細断型ロールベーラによるロールラップを，新たな醤油粕の供給形態とすることに決定した。

B社では試験時と同様に大型のノルウェー製細断型ロールベーラを導入機種として選定した。工場内には別棟を準備し，そこへ全長約8m，全幅約2.5m，全高約4.2mの機械本体を固定設置している。また，通常の動力源はトラクターのエンジンだが，B社ではそれをモーターに変更している。さらに醤油粕投入のためのラインを設置し，粉末状となった醤油粕を工場から出すことなく貯留ストッカーへと直接投入できるよう施設を整備した。このように，工場外部から異物が混入することのない環境下で，細断型ロールベーラによるロールラップづくりが行われている[5)]。

この施設において細断型ロールベーラにより圧縮され，800～900kgのロールラップとなった醤油粕は，茨城県の大洗港などから積み出され，北海道を中心とした実需者へ運搬されているが，調査時点では東日本大震災の影響もあって，ロールラップでの醤油粕販売は一部にとどまっていた。このようなロールラップによる醤油粕の供給は，ユーザー側にもそれを扱うためのグローブが必要になることなど，その広範な普及には課題も残されているが，B社としてはロールラップ形態での販売を主流とすべく，取引を仲介している商社を通じて販路の拡大を目指している。

ところで，B社が導入したノルウェー製の細断型ロールベーラを扱う農業機械の輸入商社によれば，B社が導入した機種は，ロールベーラというよりも「ベール状の圧縮機」とすべきものであるという[6)]。醤油粕を圧縮するチャンバーの圧力は１ m^2 当たり225kgに達するため，従来型のロールベーラで必要なネットは使わず，直接ビニールフィルムでベーリングすることができる。ネットを必要としないことは，粉末状でこぼれやすい醤油粕にとっては好都合であった。海外では，同型の細断型ロールベーラを牧草やコーンサイレージのロールラップのみならず，産業廃棄物の保管のためにも用いられているとされ，高密度圧縮技術の幅広い応用可能性を示しているといえよう。

4）B社のケースにおける細断型ロールベーラ導入の意義

B社はあくまで醤油製造業であり，醤油粕の販売は必ずしも積極的な意味をもつものではなかった。前述の通り，飼料化できなければ廃棄するしかないという事情を背景として，現在でもB社自身はこれで利益を上げようとは考えていないとみられる。

しかし，B社のケースが示すように，細断型ロールベーラ技術の登場により保存性を著しく向上し得たことで，醤油製造につきもののやっかいな副産物に過ぎなかった醤油粕は，今や家畜飼料の高品質な原材料として，広域で需給を調整することが可能となっている。

現在，日本全体では年間約78万キロリットルの醤油が出荷されているが[7)]，その製造に伴って年間約８万ｔの醤油粕も発生していることになる。巨額に及ぶ投資などの課題が残されているものの，B社のケースでみられるように保存性を高めた醤油粕がエコフィード原料として広範に取引されるようになれば，ここに細断型ロールベーラが介在する意義は，食品残さの有効活用という観点からきわめて大きいといえよう。

第４節　エコフィード製造における細断型ロールベーラの導入意義と残された課題

循環型社会の構築が課題となる中，エコフィードはますます注目を集める存在となっている。しかし，実際にそれを生産し給餌する現場では，これから克服しなければならない課題を多く抱えている。特に原料としての食品残さと，家畜飼料としてのエコフィード製品の間では，需給調整を図る上で移動と保管が必須であり，この費用を誰がどのように負担するかという大きな問題が存在している。そのことが，両者の円滑な取引の障害となっており，本来は家畜飼料として高い価値を保持している食品残さが，より程度の低いリサイクルに流れざるを得ない要因になっている。

このような課題に対し，細断型ロールベーラ技術は，第１に追加的費用を発生させずに長期間の保存を可能とし，第２にそれも含めた物流適応性の高さにより広域移動を容易にしている。

とはいえ，冷蔵庫の設置や冷蔵コンテナの大量調達に比べれば相対的に低いものの，細断型ロールベーラを導入するための初期投資は巨額であり，エコフィード製造事業者が単独でこれを導入するのは容易ではない。まして，食品製造業や食品流通業による，食品残さのための自発的な導入は，B社のような業界で屈指の規模がある企業でもない限り，著しく困難であるといわざるを得ない。

今回の２つの事例が示すように，細断型ロールベーラの体系的な配置は，社会全体の課題である食品廃棄物問題の改善に大きく寄与することは明らかであり，食品リサイクル推進の観点から，取得費用の補助などにより，その設置は政策的に促進されるべきである。

ただし，細断型ロールベーラの導入によってエコフィード製造にまつわる問題がすべて解決するわけではない。

事例としたA社では，2010年に細断型ロールベーラによって製造したサイレージの発酵不良問題に直面している。供給先である牧場において，50～60

頭の乳牛が出血性腸炎に罹患したことで，出荷乳量は大幅に低下してしまった。それは一種の食中毒であることは間違なかったものの，細菌検査の数値には大きな問題がなかったため，原因の特定は困難を極めた。結局，A社では要因の一つとなったとみられるカットフルーツ残さに対し，それを排出しているα社で蟻酸を添加してもらうこととした。さらに，乳牛に対してはワクチンを投与することで，事態を収束させている。

このケースが示しているのは，人間のための食品製造における食材調達と異なり，エコフィードの生産は原料が食品廃棄物であるという点で，依然として技術的な不安定性を残しているということである。そしてそれは，A社のような製造者が自らの負担で，前述のような損害も被りつつ，改善に取り組まなければならないのである。

さらに，エコフィードの原料となる食品残さそのものの取り扱いにも，問題は残っている。A社によればカットフルーツの残さ，野菜残さを排出するα社は，エコフィード原料の品質維持に協力的な企業ではある。それでも腐敗した野菜や果物の混在は発生しており，腐って黒ずんだメロンが丸々入っていたこともあった。それどころか，金属製品のようなまったくの異物が混入していたことすらあるというという。このことは，エコフィード原料といえども，食品残さを排出する側においては，あくまで廃棄物に過ぎないという考えが根深いことを端的に示している。エコフィードの製造者が受け入れた原料の検品は**図10-2**のように，現実的にはコンテナに入った状態で目視するしかない。また，A社における**図10-3**から示唆されるように，大規模なエコフィード製造になればなるほど，製造工程において原料の完全な検査は難しいといわざるを得ない。

図10-2　A社へのカットフルーツ残さの納入形態

資料：調査時に筆者が撮影した。

人間の食品では「顔の見える関係」が志向されているが，このような問題が頻発する現状では，エコフィード製造でも同様に，排出者側と製造者側に信頼関係をベースとした取引が必要である。排出する食品産業の側が，食品廃棄物ではなく，飼料という「食品」の原料として出荷するという発想が定着しない限り，エコフィード原料の需給拡大は困難であろう。

図 10-3　ミキサーへの原料投入の様子

資料：調査時に筆者が撮影した。

また，制度的な面でも課題は多い。例えば，A社は食品残さを排出する工場などへ自社便で引き取りに行っており，費用もA社が負担している。もし，これらが産廃処理される場合には排出者側が処理費用を負担しなければならないのであるが，エコフィードを生産する場合には原則的にA社が有償で引き取らなければならない。エコフィード製造者が原料を確保しやすい仕組み，あるいはその費用を応分に負担していく仕組みづくりを考えなければ，社会が目指す再生利用の拡大，延いては循環型社会の構築は難しいのである。

細断型ロールベーラの技術は，原料面でも製品面でもエコフィードに広域での需給結合の可能性をもたらした。循環型社会の構築を推進する上で，重要な技術であることは間違いないであろう。しかし，その技術の特性を生かすためには，社会が表面的なリサイクルだけではなく，静脈流通のあり方に関心を向け，社会的な仕組みの改善を図っていくことが必要不可欠である。今後の食品リサイクル，エコフィード生産の研究において，効率的なリサイクルを実現しうる技術研究はますます重要である。しかし，それと同等かそれ以上に社会経済的な側面から，前掲**図10-1**に示した細断型ロールベーラの導入ポイントごとの課題を明らかにすることをはじめ，A社で発生したような事態を回避し，安定した取引をどのように実現するかという課題，排出者側とエコフィード製造事業者との費用負担についてどのように制度を設計するかという課題が残されている。これらは稿を改めて分析したい。

注

1）本章は杉村・小糸（2012）および杉村（2013）を大幅に改稿し，加筆したものである。
2）醤油の製造工程については，例えば「しょうゆ情報センターホームページ」（https://www.soysauce.or.jp：2016年12月20日確認）などに詳しい。
3）B社からのヒアリングによる。ただし，B社は醤油生産量を公開しておらず，したがって，醤油粕の正確な発生量も統計的に示すことはできない。
4）この問題は醤油粕の品質変化にとどまらず，2010年11月には北海道苫小牧市で，醤油粕の発酵が原因と推定される倉庫作業員の酸欠死亡事故が発生している。
5）ただし，工場の構造上の都合で，一部にはフレコン（トランスバッグ）を使った工程も残している。
6）この輸入商社へのヒアリングは2013年５月11日に実施した。
7）しょうゆ情報センター『醤油の統計資料　平成28年版』による2015年の実績。https://www.soysauce.or.jp/arekore/（2017年２月15日確認）

引用・参考文献

[１]杉村泰彦・小糸健太郎「細断型ロールベーラを活用したエコフィード生産―保存性が高く広域流通が可能に―」（連載　国産飼料最前線―調製・流通の技術革新と組織変革―）『酪農ジャーナル』2012年10月，pp.52-54
[２]杉村泰彦「細断型ロールベーラによるしょうゆ粕の保存性向上とエコフィード製造」（連載　国産飼料最前線―調製・流通の技術革新と組織変革―）『酪農ジャーナル』2013年７月，pp.54-56

（杉村　泰彦）

第11章

国土資源に立脚した日本畜産の課題と展望

第１節　細断型ロールベーラによる飼料資源活用の革新

これまで，各章で論じられた細断型ロールベーラの飼料資源活用における革新の意義を整理すると以下のように５つに整理できる。

第一に飼料資源の保存技術としての革新である。細断ロールサイレージは密封と新たな発酵によって長期保存が可能であると同時に，サイレージの品質向上をもたらしている。また，低品質のサイロサイレージに発酵促進材料（糖蜜など）を添加して品質を高める技術も確立している。そのことで，牛の嗜好性の向上や健康増進に繋がっていることが農家間で認識されている（第４章，第９章）。また，飼料会社やTMRセンターが製造する発酵TMRの需要の増大もこのことを裏付けている[1]。

飼料資源の保全は，従来廃棄物となっていた飼料資源を有効利用するところに意義がある。まず，これまで酪農家においては，冬期の飼料不足への不安から過剰なサイレージ貯蔵を行っていた。しかし，新年度において余剰となったサイロサイレージは新しいサイレージの貯蔵のため廃棄されていた。これらを細断ロールに再調製することで有効利用が図られている（第４章）。

さらに食品残渣の飼料化である。食品製造業における食品残渣物はこれまで飼料化が図られていた。ビール粕，豆腐かす，などである。細断型ロールベーラの登場は，食品残渣物の飼料化範囲をさらに広げると同時に，長期保存技術が飼料化率を高めている。本来，産業廃棄物として社会的費用負担を伴う産業廃棄物を価値化しているのである（第10章）。

第二に自給飼料の流通革新である。本来，自給飼料の流通は，せいぜい乾牧草の流通であった。それがサイレージを細断ロールにすることで新たな流通商品になった（第２章，第３章）。流通範囲は地区内での流通によって農家間の自給飼料の過不足を解消するばかりでなく，北海道のみならず広く本州へ流通するようになった（第２章，第５章）。

第三に流通飼料という性格が付加されることで，新たな事業展開が図られている。特に，飼料用とうもろこしを細断ロール調製して販売するニュービジネスが登場している。非農業部門の建設業の参入や（第２章補論），畑作農家の細断ロール販売目的での飼料用とうもろこし栽培（第５章），コントラクター組織や酪農家の新たな収益部門としての展開である（第２章）。これらのニュービジネスの登場は，耕作放棄地や耕作放棄地予備軍での飼料用とうもろこしの栽培によって農地の再生が行われている[2)]。

第四に畑作農家の販売目的の飼料用とうもろこしの栽培は，土地利用に変化をもたらそうとしている。北海道においては，小麦－てん菜－馬鈴薯－豆類の畑作４品（地域によっては３品）の輪作体系が行われているが，貿易自由化によって輪作体系が崩れる可能性もあり，そこでの新たな輪作品目として飼料用とうもろこしが検討されている。当然，畑作品目であるため細断ロール調製による流通が前提となる（第５章）。

第五に飼料調製作業および給与作業での革新である。特に府県の酪農家では手作業が多いことから，細断ロール調製および細断ロール給与は作業の機械化をすすめ，大きな省力化をもたらしている（第６章）。

細断型ロールベーラの登場は，飼料生産・調製および流通に革新をもたらしており，将来予測される飼料価格高騰による畜産危機への有効な対応策になるものと思われる。

第２節　近い将来予想される畜産危機

1）規模拡大によって乖離する飼料基盤

現在の日本の畜産は衰退の一途を辿っており，過去10年間（2007～2016年）においてすべての畜種で事業体数，飼養頭羽数ともに減少している。**表**

表11-1　日本における畜産の動向

畜種	年次	事業体数	飼養頭羽数	1戸当頭羽数
酪農 (千頭)	2007年	25,400	(経) 1,011	62.7
	2016年	17,000	(経) 871	79.1
	増減率	▲33%	▲14%	△26%
肉牛 (千頭)	2007年	82,300	2,806	34.1
	2016年	51,900	2,479	47.8
	増減率	▲37%	▲12%	△40%
養豚 (千頭)	2007年	7,550	9,759	1,293
	2016年	4,830	9,313	1,928
	増減率	▲36%	▲5%	△49%
養鶏 (千羽)	2007年	3,610	186,583	41,262
	2016年	2,530	175,733	55,151
	増減率	▲30%	▲6%	△34%

資料：「畜産統計」農水省

11-1にみるように事業体数では，肉用牛経営で37%，酪農経営33%，養豚経営36%，養鶏経営30%それぞれ減少している。一方，飼養頭数は，肉用牛12%，乳牛14%，豚５%，採卵鶏６%それぞれ減少している。事業体数の減少に比べて，飼養頭羽数の減少が少ないことは，１事業体当たり飼養頭羽数が増加していることを意味しており，その結果，酪農26%，肉牛40%，養豚49%，養鶏34%それぞれ増加している。

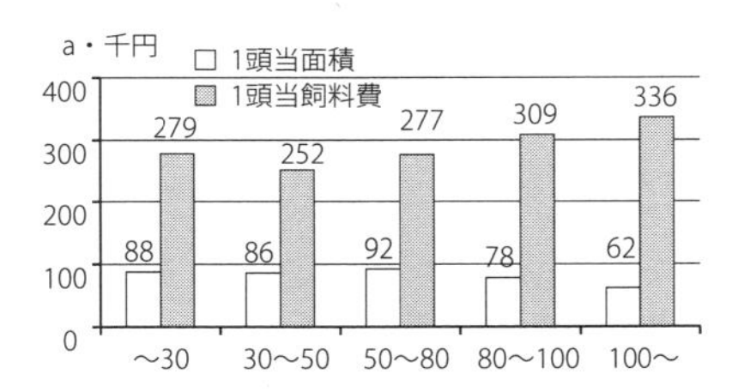

図11-1　搾乳牛頭数規模別1頭当飼料作面積，飼料費

資料：「北海道農林水産統計年報」

土地利用型畜産において飼養頭数の規模拡大が進行することは，必ずしも飼料基盤が並行して拡大することを意味しない。畜舎の増築は容易であるもの，農地の拡大は困難を伴うためである。比較的農地の取得が容易である北海道においても**図11-1**（畜産物生産費調査）にみるように，大規模層ほど乳牛１頭当たり飼料作物作付面積は少なくなる。例えば，搾乳牛50～80頭の92ａに対し100頭以上は62ａで67%の水準でしかない。そのため，大規模層ほど購入飼料に頼らざるを得ない。このことを，搾乳牛１頭当たり飼料費では，50～80頭の277千円に対し100頭以上は309千円で121%という高い水準にある。

さらに，より広範囲な統計で規模拡大に伴う飼料基盤の変化を見てみる。**図11-2**は，搾乳牛の産乳能力の検定や乳質の検査などを行う牛群の年間検定成績から産乳規模別の農家数の分布をみたものである。検定実施戸数は2015年で4,366戸，頭数で288,424頭であることから，北海道の農家数6,680戸，459,700頭のそれぞれ65％，63％に当たる。このことから，北海道酪農の現状をほぼ反映していると見てよいであろう。2005年から2015年の10年間において，生乳生産量２千ｔ以上の経営体は85から164に増加し，1,500～1,999ｔも70から140，1,000～1,499ｔも289から396に増加している。したがって，北海道でメガファームと称される千ｔ以上の経営体は444から700に増加している。一方で699ｔ以下のすべての階層で経営体が減少している。

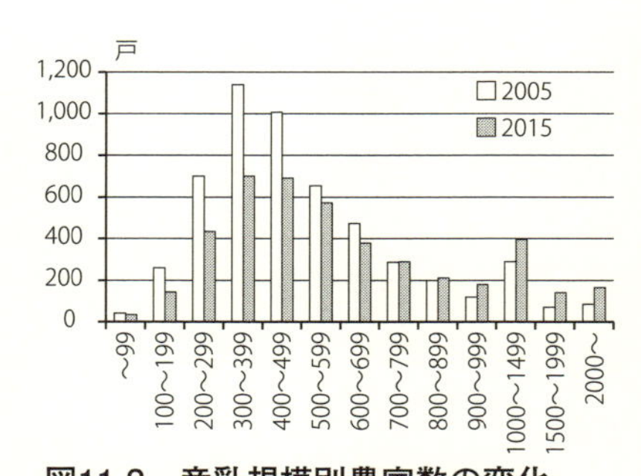

図11-2　産乳規模別農家数の変化
資料：「年間検定成績」北海道酪農検定検査協会

この牛群検定からみた北海道酪農の特徴として，産乳規模が大きいほど個体乳量が多く，かつ濃厚飼料給与量も多い傾向にあることである。個体乳量と濃厚飼料給与量の間には極めて高い相関関係がみられる[3)]。

したがって，規模拡大の進行，すなわちメガファームの増加は，産乳量の増大とともに濃厚飼料の増加を意味する。そこで，産乳規模階層毎の総濃厚飼料給与量（戸数×実頭数×濃厚飼料給与量）の2005年と2015年の変化を見たのが**図11-3**である。この図の分布状況は，個体乳量と配合飼料給与量が高い相関を示していることから，総産乳量の分布図とほぼ

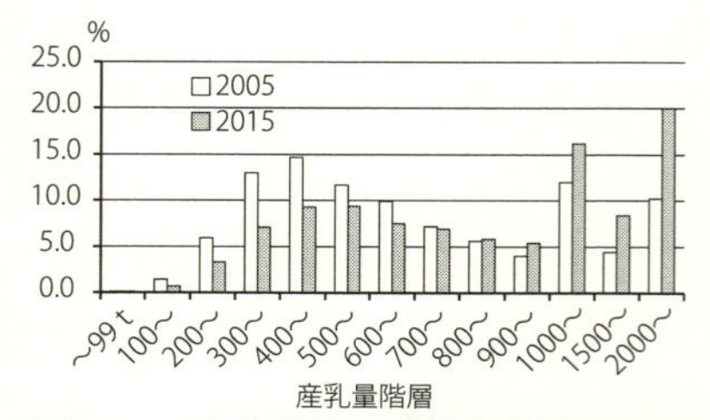

図11-3　産乳階層別濃厚飼料給与量比率
資料：「年間検定成績」（社）北海道酪農検定検査協会

同じである。

全階層の総濃厚飼料給与量は，2005年は104万ｔであったが，2015年には116万ｔと11.5％増加している。産乳規模階層毎の濃厚飼料供給量の分布は，2005年では，300ｔ以上13％，400ｔ以上14.7％，500ｔ以上11.7％，600ｔ以上9.9％，合計で49.3％であり中心帯を占めていた。それが，2015年には，最大比率を占めるのが２千ｔ層で20％を占め，続いて1,000〜1,499ｔが16.2％である。千ｔ以上のメガファームの比率は44.6％を占めている。この10年間で，北海道酪農における産乳量（＝濃厚飼料給与量）の規模階層の比重は，中小規模層から大規模層へ大きく動いたことになる。

このことは，北海道におけるメガファームの進展は，自給飼料基盤からの後退と濃厚飼料（配合飼料）依存度を一層高めていることを意味する。

また，酪農場が一か所に集中することが，飼料基盤からの乖離による糞尿処理作業の増大を余儀なくさせている。さらに濃厚飼料のみならず粗飼料についても流通からの調達が必要になってくる。

こうした，畜産における飼養頭数の集中，すなわち加工型畜産の進行は，飼料基盤の脆弱化をもたらしているが，そこで粗飼料の流通において細断ロールの登場が重要な役割を果たしている。

2）輸入穀物の価格変動がもたらす畜産危機

2007年，2008年に勃発した世界食糧同時危機は，第１章でもふれたように，日本の畜産に多大な損害をもたらたした。国内で販売される配合飼料価格の元となるとうもろこし価格（アメリカシカゴ相場）の推移を見たのが**図11-4**である[4]。2008年６月には過去最高の７ドル前後

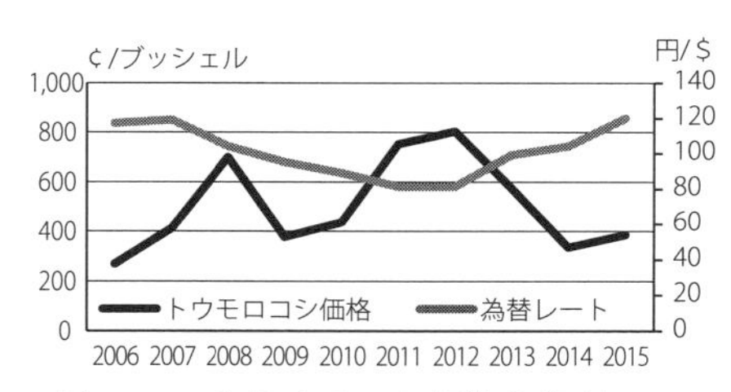

図11-4　とうもろこし価格と為替レートの推移

に高騰し，その後３～４ドルに下落するものの，2001年には再び７ドルを超え，さらに2012年８月には８ドル台まで高騰する。しかし，13年７月以降は世界的な豊作により４ドル台に下落し，2015年１月には３ドル台後半の水準となっている（農水省「飼料を巡る情勢」2015年４月）。

一方，USドル・円の為替レートは2001～2002年の120円台から徐々に円が上昇し，2010年の後半から80円台に突入し，特に2011年，2012年の２年間は80円前後で推移する。この間，2011年10月には75.32円を記録する。その後，日銀の金融緩和策により円安が進行し，2015年３月には120円の円安になっている。2016年に入ってからは110円台で推移している（資料：alic『畜産の情報　別冊統計資料』2014年９月）。

以上のシカゴ相場と為替レートの影響を受けた国内の配合飼料価格は，2007年１月のトン当たり５万円，2008年11月には６万８千円まで上昇し，その後下落するものの2013年７月には再び６万８千円に上昇する。一方，シカゴ相場は2014年以降下落し３ドル台で2016年まで推移するものの，円安によって相殺される形で,配合飼料価格６万円台で高止まりの状態にある（引用:農水省「飼料をめぐる情勢」2016年９月）。

以上のように，トウモロコシ価格と為替相場の関係を過去10年で見ると，シカゴ相場での価格が安い時には円安であり，逆に価格が高騰した時は円高であったことがわかる。例外として，2008年は世界同時食料危機の年であり，円が安い水準でシカゴ相場の価格が高騰したことで国内配合飼料価格が高騰している。従って，過去10年間は，2007，08年を除けば，両者のバランスが比較的取れた状態で飼料価格の安定が推移してきたと言えよう。

しかし，将来の問題は，このバランスが今後も続く保証はないことである。特に，穀物需要が世界的に増大する中にあって，気象変動による農業生産の変動が増大している。人為的な変動要因と自然の変動要因は飼料価格の不安定さを一層増大させることになる。そこで人為的な変動について世界の飼料生産の動向をみてみる。

3）世界の飼料生産の将来動向

世界の飼料穀物（粗粒穀物）の生産量および輸入量を見たのが**図11-5**である（引用：農水省「飼料をめぐる情勢」2016年８月）。2009/10年の11億２千７万ｔから15/16年（見込）の12億５千万ｔへと11％伸びている。一方，輸入量（＝輸出量）は，同期間において１億２千万ｔから１億８千万ｔへと50％伸びている。その結果，生産量に占める輸入量の比率は，10.6％から14.4％と増大しているものの，生産量に対して貿易量が少ないことは，需給の変動による価格の変動が大きくなることを意味する。

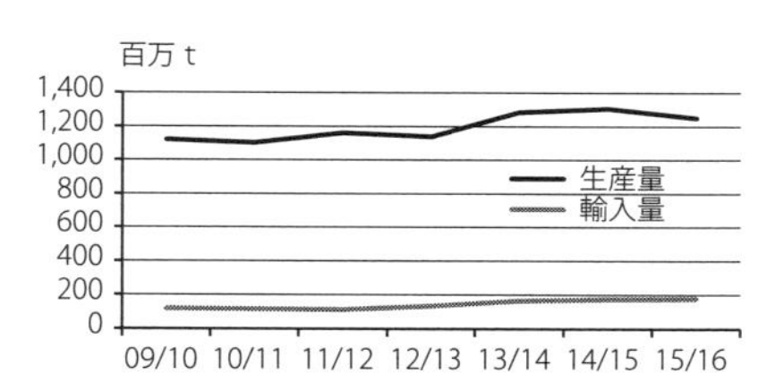

図11-5　世界の粗粒穀物の生産，輸入量の推移
資料：「飼料をめぐる情勢」農林水産省28年8月

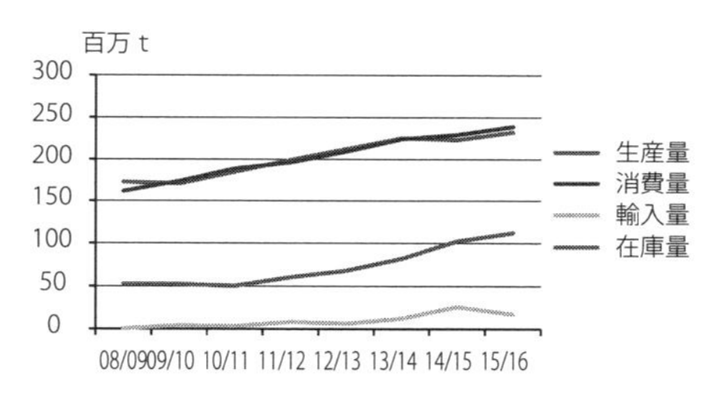

図11-6　中国の粗粒穀物の生産量・輸入量・在庫量の推移
資料：「畜産をめぐる情勢」農林水産省

輸入量増大の最大の要因は中国の飼料穀物需要の増大にある。**図11-6**に見るように2008/09年における粗粒穀物の消費量は，１億６千百万ｔであったが，2015/16年には，２億３千９百万ｔへと50％近く増大している。国内生産量もそれに比例して伸びているが，2014/15年以降，消費量が生産量を上回ってその差は拡大している。そのため，2009/10年以降，粗粒穀物の輸入が増大し，2014/15年には日本を抜いて世界最大の粗粒穀物輸入国になっている。粗粒穀物の消費量および生産量以上に伸びているのが在庫量(期末)である。08/09年の５千２百万ｔから15/16年には１億１千２百万ｔへ115％の伸びを見せ，この間アメリカ以上の在庫量になっている。中国は，畜産物消費の増大に対して，粗粒穀物の生産にも力が入れられているが，それ以上に粗粒穀物在庫量を増やすために輸入量を増大させている。今後，粗粒穀物輸入国に転じた中国での旺盛な穀物需要は世界市場での比重を増しており，穀物流通への影響と価格への影響を増してくるものと思われる。

第3節　国際化の進展と日本の畜産を守る大義

日本の畜産は大きな転機を迎えつつある。TPP貿易協定はアメリカの離脱により頓挫しているものの，オーストラリアとのFTA，EUとのEPA交渉の妥結などにより，一層国際化が進展することは確実である。これまで日本は大量のアメリカなどからの輸入穀物を使った加工型畜産を展開してきた。しかし，大量の輸入穀物の使用は，日本国内での糞尿の蓄積と，それが循環していかない場合には，環境問題を引き起こす。さらに問題なのは，畜産農家経済に深刻な打撃を与える飼料価格の高騰である。価格の高騰に対しては，個別経営の経営努力は通用しない。これまで，飼料価格高騰に対しては，配合飼料価格安定制度による政府の支援が講じられてきた。例えば，2013年度補正予算において異常補てん基金の100億円の積み増しが行われている。しかし，製造業において購入資材が高騰しても政府からの支援はありえない。それだけ日本の畜産に対する政府の期待は大きいことの証でもある。しかし，こうした財政支援の在り方に対して納税者（国民）からの疑問も生じてくる。「海外原料を使った加工業に対して，何故畜産のみ支援が行われるのか」である。本来，畜産も農業である。日本の国土資源に基盤に立脚してこそ国民からの支持もあり，財政支援も納税者の理解が得られるはずである。今後，国家財政が一層厳しくなるならば，輸入原料支援に対する批判が高まるであろう[5)]。「海外穀物原料で加工畜産物を製造するならば，直接畜産物，乳製品を輸入したらどうか」，そのほうが財政負担も軽減でき，場合によっては「安い」製品が消費者に利益をもたらすという主張が説得力を増すからである。

こうした批判や国民への理解を求めるためにも，国土資源を活用した自給飼料に立脚した畜産の推進を図らなければならない。穀物飼料の国際流通から自給飼料の国内流通への転換をすすめるべきで，そこでの細断型ロールベーラが果たす役割は大きいと言えよう。

注

1）北海道音更町にあるタイセイ飼料㈱は細断型ロールベーラを使って発酵TMRの製造を行い，十勝，釧路地域で急成長している。荒木（2015）参照。
2）静岡県の浜名酪農協は，農場TMRセンターを設立し，県内の耕作放棄地や遊休農地にとうもろこしを栽培し（2009年で120ha），TMRの原料としている。全酪新報（2009）参照。
3）荒木（2015）は，2013年の年間検定成績での両者の相関係数はr＝0.9656という高い数値になっている。
4）日本国内の配合飼料価格を決定するのは，シカゴ相場と円/ドルの為替レートである。荒木（2015）参照。
5）山下（2016）は，「関税で本来保護すべきでない輸入穀物に依存した農業も保護してきた。」と日本の酪農政策を批判している。

引用・参考文献

[1]荒木和秋「高性能機を導入し効率的に発酵TMRを製造」DAIRYMAN, 2015年, pp.30-31
[2]全酪新報「自給飼料型TMRセンター」全国酪農協会，2009年7月20日
[3]荒木和秋「円安が酪農経営に与える影響と背景」『農業と経済』昭和堂, 2015年, pp.35-37
[4]山下一仁『バターが買えない不都合な真実』幻冬舎，2016年，p.207

（荒木　和秋）

あとがき

日本の酪農・畜産は，好景気に沸いているものの，2017年７月のEUとのEPA交渉妥結によって国際化の流れが加速し，雲行きが怪しくなってきた。高コスト構造の酪農・畜産が大きく打撃を受けるのは確実である。日本の酪農，畜産は，これまで輸入穀物の大量利用によって生産コストを抑えていた。しかし，輸入穀物の価格高騰が，逆にコスト高を招くようになってきた。

そこで低コストの自給飼料生産が求められているが，自給飼料生産にも課題が多くある。日本独自の農業構造である零細分散錯圃という農地制度のもとで展開した非効率な経営方式である。条件に恵まれた北海道においてさえも，離農跡地の分割によって圃場の分散が一層進んでいる。そのため，牛舎と圃場間の自給飼料生産や糞尿処理のための農業機械や人の移動に多大なコストが生じている。これまで北海道の酪農経営が“牧草の運搬業”，“糞尿の運搬業”と言われてきた所以である。また，製造業の生産コストの観点からは，“移動のムダ”（移動に伴う付加価値の向上にはつながらない）を生じさせている。そして，農地の分散は，酪農・畜産において最も低コストの飼養方式である放牧を困難にしている。

そこで，本著で取り上げた細断型ロールベーラによる革新的技術は，単なる機械の技術革新のみならず，市場流通に革新的なインパクトを与えている。すなわち，自給飼料の長期保存によって広域流通を可能にし，このことがこれまでの自給物から商品に姿を変えることになった。また，これまで個別性の強かった自給飼料は，地区内での過不足調整が行われるようになり，商品として広域流通することで地域間の過不足を解消することになった。さらに，細断型ロールベーラは自給飼料のみならず国内食品製造業から排出される食品残渣物を飼料化することで廃棄物を価値化していった。これらの生産，流通現場を克明にまとめたのが本著である。

しかし，最近の論文作成に当たって研究者はいかに効率良く作成することが求められている。そのため不十分なデータによる解釈に重きを置いた著作，論文や統計データを用いた数量分析が目立つようになってきた。生産現場，流通現場の詳細な調査による実証は，非効率な研究として敬遠されるようになったが，自給飼料という性格上，実態調査による実証が求められる。今回の調査は，執筆者の地道な調査によってまとめられた業績集といえよう。

酪農，畜産現場の経営，経済研究は非効率な研究分野であるが故に，研究者も少なくなってきた。国の研究への基本方針が，基礎研究よりも直ぐに結果が出る応用研究を重視する方向にあることと軌を一にしている。若手の農業経済の研究者が，本著作によって少しでも関心を持ち，わが国の酪農，畜産の発展とその基盤である自給飼料研究さらにはエコフィード研究に貢献してもらうことを期待したい。自給飼料生産の強化が国土保全につながり，次世代に継承されることは国民的課題でもあることを広く伝えることは研究者の使命でもある。

本著作のもととなった日本学術振興会科研費の研究遂行に当たり，酪農学園大学学務部研究支援課，玉田哲也さんには科研費申請から成果報告までご苦労をいただいた。また，同部学務課，目黒ひとみさんには，煩雑な事務手続きを担っていただき大変なご負担をお掛けした。さらに，調査結果を短報としての掲載を快く引き受けてくれた酪農学園大学エクステンションセンター元編集担当，塩出真司さん，デーリィマン社編集担当，星野晃一さんのご協力をいただいた。そして，本著作の発行を筑波書房社長，鶴見治彦さんに快く引き受けていただいた。そのほか，日本農業市場学会および科研調査にご協力をいただいた全国各地の多くの方々の賜物が本著作である。執筆者一同，心より感謝を申し上げます。

執筆者を代表して

荒木和秋

2017年盛夏

日本学術振興会科研費「細断型梱包被覆機による自給飼料の生産・流通の革新に関する総合的研究」の研究に基づく業績一覧

〔学術誌〕

淡路和則「大規模飼料作における細断型ロールベーラの利用実態」『農業経営研究』第53巻第2号，2015年7月

清水池義治「牧草サイレージの商品化構造」—北海道北部のTMRセンターを事例として—『農業市場研究』第25巻第4号，2017年3月

〔学会報告〕

小糸健太郎「細断型ロールベール技術を用いた粗飼料の広域流通」，日本流通学会北海道・東北部会，2014年5月24日，東北大学（仙台市）

淡路和則「大規模飼料作における細断型ロールベーラの利用実態」，日本農業経営学会，2014年9月20日，東京大学（東京都）

荒木・清水池・井上・吉岡・杉村・小糸「国内飼料資源調製・流通の革新」，日本農業市場学会，2015年6月28日，宇都宮大学（宇都宮市）

清水池義治「牧草サイレージ流通の増加要因と商品化構造」同上

井上誠司「飼料調製技術革新への経営・組織形態別対応」同上

吉岡徹「細断型ロールベーラ導入による新たな土地利用の可能性」同上

杉村泰彦・小糸健太郎「エコフィード製造における細断型ロールベーラの役割」

〔その他報文〕

荒木和秋「建設会社によるコーンラップサイレージの生産」『酪農ジャーナル』第65巻，2012年，pp.52-54

荒木和秋「農場制型TMRセンターにおける細断型ロールベーラの活用」『酪農ジャーナル』第65巻，2012年，pp.52-55

吉岡徹「畑作農家と畜産農家の協力による細断型ロールベールサイレージ生産」『酪農ジャーナル』第65巻，2012年，pp.52-54

杉村泰彦・小糸健太郎「細断型ロールベーラを活用したエコフィード生産」『酪農ジャーナル』第65巻，2012，pp.52-54

井上誠司「機械利用組合による細断型ロールベーラの共同利用とその利点」『酪農ジャーナル』第65巻，2012年，pp.52-55

小糸健太郎「細断型ロールベーラのレンタルによる導入」『酪農ジャーナル』第65巻，2012年，pp.52-55

清水池義治「トウモロコシの委託栽培で地域の農地をフル活用」『酪農ジャーナル』第66巻，2012年，pp.64-66

荒木和秋・吉岡徹「大規模肉牛会社の地域資源活用戦略」『酪農ジャーナル』第66巻，

2012年，pp.52-54
淡路和則「ラップサイレージ作業を受託することでコントラクターの通年労働化が実現」『酪農ジャーナル』第66巻，2013年，pp.54-56
荒木和秋「個人コントラクターによる細断型ロールベーラ利用の展開」『酪農ジャーナル』第66巻，2013年，pp.54-56
荒木和秋「東北酪農地帯における自給飼料調製の大変革」『酪農ジャーナル』第66巻，2013年，pp.56-58
荒木和秋「細断型ロールベーラによる牧草主体の酪農を目指す」『酪農ジャーナル』第66巻，2013年，pp.58-60
荒木和秋「イアコーンで飼料自給率75%を目指す」『デーリィマン』第64巻，2014年，pp.30-31
小糸健太郎・井上誠司「機械利用組合による細断型ロールベーラの導入」『酪農ジャーナル』第66巻，2013年，pp.56-58
清水池義治「余剰粗飼料の有効活用で飼料自給率向上に貢献」『酪農ジャーナル』第66巻，2013年，pp.54-56
杉村泰彦「細断型ロールベーラによるしょうゆ粕の保存向上とエコフィード製造」『酪農ジャーナル』第66巻，2013年，pp.54-56
森久綱「イネWCS生産・利用拡大に取り組むコントラクターの到達点」『酪農ジャーナル』第66巻，2013年，pp.52-54
吉岡徹「細断型ロールベーラがもたらす畑作農家の作付け変化」『酪農ジャーナル』，第66巻，2013年，pp.52-54
荒木和秋「イアコーンで飼料自給率75%を目指す」『デーリィマン』第64巻第3号，2014年，pp.30-31
吉岡徹「細断型ロールベーラー導入を契機とした地域内飼料自給・水田転作推進の動き」『デーリィマン』第64巻，2014年，pp.30-31
井上誠司「農協による作業受託を通じた高品質粗飼料の提供」『デーリィマン』第64巻，2014年，pp.32-33
清水池義治「畜産農家のニーズに対応し高品質のイネWCSを供給」『デーリィマン』第64巻，2014年，pp.32-33
荒木和秋「高品質の細断ロール製造に取り組むコントラクター」『デーリィマン』第64巻，2014年，pp.34-35
清水池義治「余剰牧草サイレージを外部販売し農地資源の維持も」『デーリィマン』第64巻，2014年，pp.34-35
荒木和秋「農協の委託中止事業を引き継ぎ製造・販売」『デーリィマン』第64巻，2014年，pp.36-37
清水池義治「管理面積増大に伴う余剰牧草，高品質サイレージの外部販売で対応」『デーリィマン』第64巻，2014年，pp.30-31

清水池義治「飼料コスト削減を目指してバンカーサイロ利用を拡大」『デーリィマン』第64巻，2014年，pp.32-33
小糸健太郎「細断型ロールベーラ活用集10　品質向上で採食量アップ，通年に近い雇用も生みだす」『デーリィマン』，2014年，pp.32-33
井上誠司「農協の粗飼料生産で担い手の労働負担を軽減」『農家の友』66巻５号，2014年，pp.18-19
清水池義治「TMR・サイレージを外部販売し収入の最大化図る」『デーリィマン』第65巻，2015年，pp.54-55
荒木和秋「バンカー内サイレージもロール化しロス軽減」『デーリィマン』第65巻，2015年，pp.34-35
荒木和秋「イアコーンを原料とする有機TMRを製造」『デーリィマン』第65巻，2015年，pp.30-31
井上誠司「乳房炎解消の観点から単独導入し改善成し遂げる」『デーリィマン』第65巻，2015年，pp.32-33
井上誠司「EPA協定に負けない収入・所得の維持を実現した経営転換」『農家の友』67巻，2015年，pp.20-21

執筆者紹介

責任編者，第１章，第２章，第２章補論，第６章，第11章
荒木　和秋（あらき　かずあき）
酪農学園大学・名誉教授，酪農学園大学大学院・特任教授
1951年，熊本県生まれ
（主要著書・論文）
「自然共生型酪農による日本酪農の構築」『共生社会Ⅱ』農林統計出版，2016年（分担執筆），「北海道酪農における共生と循環」『共生システム研究』Vol.9，No.1，2015年（分担執筆），「放牧酪農の可能性はあるか」「日本酪農は自由化（TPP）に耐えられるか」『放牧酪農の展開を求めて』日本経済評論社，2012年（分担執筆），「酪農における生産システムの転換」『「農」を論ず』農林統計協会，2011年（分担執筆）．『農場制型TMRセンターによる営農システムの革新』農政調査委員会，2005年，『世界を制覇するニュージーランド酪農』デーリィマン社，2003年

第３章
清水池　義治（しみずいけ　よしはる）
北海道大学大学院農学研究院基盤研究部門農業経済学分野・講師
1979年，広島県生まれ
（主要著書・論文）
「牧草サイレージの商品化構造―北海道北部のTMRセンターを事例として―」『農業市場研究』第25巻第４号，2017年，『増補版：生乳流通と乳業―原料乳市場構造の変化メカニズム―』デーリィマン社，2015年，『日本を救う農地の畜産的利用―TPPと日本畜産の進路―』農林統計出版，2014年（分担執筆）

第４章
小糸　健太郎（こいと　けんたろう）
酪農学園大学農食環境学群・准教授
1971年，北海道生まれ
（主要著書・論文）
「牛乳消費における購買行動と乳脂肪分率の影響評価」市川治教授・村岡範男教授退任記念論文集編集委員会編『農業経営の新展開と協同組合』酪農学園大学エクステンションセンター刊，2015年（共著），「台北市第一果菜批發市場における食品廃棄物の発生要因とその処理：日本の青果物卸売市場との比較を視野に」『農業市場研究』第22巻第４号，2014年（共著），「北海道生乳生産の中長期見通し―支庁別に見た生乳生産動向―」土井時久編著『わが国の生乳生産シミュレーション―国際化がもたらす2015年日本酪農の行方―』デーリィマン社，2007年（共著）

第５章
吉岡　徹（よしおか　とおる）
酪農学園大学農食環境学群・准教授
1972年，奈良県生まれ
「薬用作物の需給動向と国内生産の課題」『農業と農村の持続的展開』酪農学園大学エクステンションセンター刊，2017年（共著），「農業生産法人の経営戦略としての6次産業化と農協の役割に関する研究」『酪農学園大学紀要．人文・社会科学編41（1）』2016年（共著），「集落営農組織による組織間連携の可能性に関する一考察―K集落営農連合協同組合を事例に―」『農業経営研究』51（3），2013年（共著）

第７章
淡路　和則（あわじ　かずのり）
龍谷大学農学部食料農業システム学科・教授
1959年，愛知県生まれ
（主要著書・論文）
「大規模飼料作における細断型ロールベーラの利用実態―北海道における事例から―」『農業経営研究』第53巻2号，2015年，『経営者能力と担い手の育成』農林統計協会，1996年，『先進国家族経営の発展戦略』農山漁村文化協会，1994年（分担執筆）

第８章
森　久綱（もり　ひさつな）
三重大学人文学部・教授
1971年，神奈川県生まれ
（主要著書・論文）
“The Recycling of Food By-Products as Feed for Sustainable Livestock Industries - Focus on the functions of a co-operative organization to meet demand and adjust supply-” , Green Economy toward Sustainable Development, Vietnam National Publishers, pp.11-24, June 2015.「飼料市場」美土路知之・玉真之介・泉谷眞実編著『食料・農業市場研究の到達点と展望』筑波書房，pp45-62，2013年，「食品循環資源の共同調達による飼料コスト削減」『畜産の情報』2015年11月号，pp61-72，2015年

第９章
井上　誠司（いのうえ　せいじ）
酪農学園大学農食環境学群・教授
1967年，東京都生まれ
（主要著書・論文）
「北海道における指定団体制度の意義と農協の役割」小林国之編著『北海道から農協改革を問う』筑波書房，2017年，「農業構造の変動と地域農業支援システムの存立条件」『地域農業研究叢書』（No.41）北海道地域農業研究所，2011年，「北海道における担い手・農地利用の動向と農地制度改革」『フロンティア農業経済研究』（第15巻第2号）北海道農業経済学会，2010年

編者，第10章
杉村　泰彦（すぎむら　やすひこ）
琉球大学農学部・准教授
1971年，香川県生まれ
（主要著書・論文）
「台北市第一果菜批發市場における食品廃棄物の発生要因とその処理：日本の青果物卸売市場との比較を視野に」『農業市場研究』第22巻第４号，2014年（共著），「流通システムの変化と卸売業の再編」『農業市場研究』第20巻第３号，2011年，「卸売市場における食品循環資源の飼料化」『エコフィードの活用促進：食品循環資源飼料化のリサイクルチャネル（JA総研研究叢書2）』，2010年（分担執筆）

日本農業市場学会研究叢書No.18

自給飼料生産・流通革新と日本酪農の再生

定価はカバーに表示してあります

2018年1月11日　第1版第1刷発行

編著者　　荒木和秋・杉村泰彦
発行者　　鶴見治彦
　　　　　筑波書房
　　　　　東京都新宿区神楽坂2-19　銀鈴会館　〒162-0825
　　　　　電話03（3267）8599　www.tsukuba-shobo.co.jp

©2018 日本農業市場学会　Printed in Japan

印刷/製本　平河工業社
ISBN978-4-8119-0522-8　C3061